Ernst H. F. Meyer

Botanische Erläuterungen

zu

Strabons Geographie

und

einem Fragment des Dikäarchos

Elibron Classics
www.elibron.com

Elibron Classics series.

ISBN 0-543-69647-2 (paperback)
ISBN 0-543-69646-4 (hardcover)

This Elibron Classics Replica Edition is an unabridged facsimile
of the edition published in 1852 by Gebrüder Bornträger, Königsberg.

Botanische Erläuterungen

zu

Strabons Geographie

und einem

Fragment des Dikäarchos.

Ein Versuch

von

Dr. Ernst H. F. Meyer,
ordentlichem Professor der Botanik zu Königsberg.

Königsberg 1852.
:rlag der Gebrüder Bornträger.

Nicht bloß in Wiesen und Wäldern, auch auf Sandschollen, an Hecken und Mauern sucht und sammelt der Botaniker. Eben so in der Literatur. Da giebt es sogar eine eigene Klasse sogenannter Floren bloß den Papierblumen gewidmet, biblische, homerische, hippokratische, theokritische, virgilianische Floren u. s. w., bis zu den botanischen Commentaren über Karls des Großen Wirthschaftsordnung oder die Physik der heiligen Hildegardis. Und die meisten dieser einzeln erschienenen Floren, in ein Ganzes verschmolzen und mit den Blumen der indischen Sakuntala, des babylonischen Talmud u. s. w. noch vermehrt, wiederholen sich zweimal in Sprengels **Historia rei herbariae** und seiner spätern Geschichte der Botanik. Wo wäre da der antike oder mittelalterliche Name einer

Pflanze oder eine Nachricht über sie unerörtert und unbenutzt geblieben?

Und doch! An den griechischen Geographen, unter denen besonders Strabon so reich ist an Bemerkungen über die Pflanzenschätze aller ihm bekannten Länder, gingen die Botaniker meist achtlos vorüber. Clusius benutzte den Strabon bei der Untersuchung einiger spanischer Pflanzen, Haller hatte ihn nach seiner Weise durchblättert und einiges angemerkt, die Aufmerksamkeit zu erregen; gleichwohl achtete ihn Sprengel in den beiden genannten Werken noch nicht einer Zeile der Anerkennung werth, obgleich er ihn bei Erörterung einiger Pflanzen der Bibel und des Dioskorides selbst citirt. Erst in seinen spätern Commentaren zu Theophrastos und Dioskorides benutzt er ihn öfter. Der einzige, der ihn wenigstens für Pflanzengeopraphie, so weit das ohne speciel botanische Studien geschehen konnte, wirklich ausbeutete, war Karl Ritter in seiner fast überreich ausgestatteten Erdkunde, die freilich nächst Afrika noch nicht einmal ganz Asien umfaßt, und auf kritische Erörterung einzelner zweifelhafter Pflanzen nur in seltenen Fällen eingeht. Strabons eigene Commentatoren, so viele ich deren kenne, waren

Grammatiker oder Geographen, im günstigsten Falle beides zugleich; Sachkenntnisse anderer Art, vollends botanische, brachte keiner mit. Eine Ausnahme machen vielleicht die pariser Akademiker in ihrem Commentar zur französischen Uebersetzung des Strabon. Sie arbeiteten bekanntlich auf Napoleon's Geheiß, und zwölf goldene Napoleons kostet ihr Prachtwerk. Das war mir zu theuer. Aber Groskurd, der es benutzte, muß doch über Botanisches wenig Auskunft darin gefunden haben; wie hätte er sonst denselben griechischen Pflanzennamen bald so, bald anders übersetzen, den Griechen Buchweizen andichten und noch so manche Schnitzer der Art machen können, die er, wenn sie die Grammatik beträfen, keinem Tertianer hätte hingehen lassen?

Eben so steht es um das botanisch-pharmakologisch so reiche Fragment des Dikäarchos über den Pelion. Ich gestehe, daß ich es erst kennen lernte, als ich in Bezug auf Strabon die sogenannten kleineren griechischen Geographen durchging, und ich zweifle, ob andere Botaniker mehr davon wußten.

Der Entschuldigung bedarf mein Versuch an sich also nicht. Wie er mir gelang, mögen Andere beurtheilen. Nur über Anlaß, Absicht und Hülfsmittel dazu noch ein paar Worte.

Warum sollte ich es verhehlen, daß ich eine neue Geschichte der Botanik schreibe? Bis zu Strabon gekommen, überzeugte ich mich bald, daß sich, ohne eine gründliche Kritik seiner botanischen Angaben, über deren Werth nicht urtheilen ließe. Ich unternahm sie also, und lasse sie nun ihres Umfangs wegen besonders erscheinen. Vielleicht hätte ich die kleineren Geographen in gleicher Behandlung anschließen sollen; doch beschränkte ich mich nicht ohne Grund nur noch auf das genannte Bruchstück des Dikäarchos. Denn alles Botanische, was Hanno und Skylax in wenigen Worten, in reicherem Maaß Agatharchides darbieten, hatte in den Erläuterungen zu Strabon bereits Platz gefunden. Bei Andern fand ich gar nichts Bemerkenswerthes. Nur des Alexandriners Arrianos Periplus des rothen Meers kam noch in Frage. Näher betrachtet zeigte er sich jedoch eben so dürftig an eigentlich botanischen, als reich an waarenkundigen Nachrichten. Er nennt sehr viele Pflanzenproducte, die meisten öfter; statt uns aber zu belehren, woher sie stammten, begnügt er sich fast durchgängig mit Anzeige der

Häfen, wo sie Abnahme fanden, oder von wo sie ausgeführt wurden. Viele seiner Handelsproducte bedürfen der Erläuterung aus andern Schriftstellern des Alterthums, sehr selten gewähren sie uns selbst eine naturwissenschaftliche Belehrung. Der muthmaßliche Gewinn stand daher mit den Schwierigkeiten der Arbeit nicht im Verhältniß. Und so wie die übrigen Geographen ward dieser Arrianos nicht vernachlässigt: was sich vor etwa funfzig Jahren über ihn sagen ließ, hat Vincent seiner englischen Uebersetzung desselben beigefügt.

Meine Absicht war natürlich eine zwiefache: 1. Bestimmung der bei den Geographen vorkommenden Pflanzen, und 2. Prüfung ihrer Nachrichten durch Vergleichung mit neuern Beobachtungen.

Ueber die Bedeutung altgriechischer Pflanzennamen ward seit vierhundert Jahren so viel geschrieben, daß sich ohne Widerholungen gar nicht mehr darüber schreiben läßt, und so wenig ins Reine gebracht, daß man noch lange darüber wird schreiben müssen. So viel wie möglich vermied ich, das schon so oft Zusammengestellte, was von Theophrastos bis auf die Araber von jeder Pflanze gesagt ward, aufs neue zusammenzustellen. Was aber die Geographen einer zum Verständniß des andern darbieten, suchte ich überall gewissenhaft zusammen. Zu absoluter Gewißheit führen Untersuchungen solcher Art nie; ich bemühete mich das Mittel zu halten zwischen denen, die ihre Muthmaßungen als Orakel verkünden, und denen, die nichts gelten lassen als das mathematische a = a.

Im Sammeln und Vergleichen dessen, was neuere Reisende, besonders Botaniker, oft mit Rücksicht auf ihre altgriechischen Vorgänger, öfter ohne sie zu kennen, in denselben Gegenden beobachteten, glaubte ich nicht leicht zu viel thun zu können, vergaß jedoch nicht, daß ein wissender Zeuge mehr gilt als zehn unwissende. Leider ist die Literatur der Reisen eine der weitschichtigsten und für den, der sie nicht von a bis z durchlesen will, für besondere Zwecke schwer zu benutzen. Für Asien erschöpfte Ritter in unerhörter Vollständigkeit fast ihren ganzen Schatz. Ich kann nicht sagen, wie viel ich ihm verdanke. Doch versäumte ich, wo es mir möglich war, nie das eigene Zurückgehen auf seine Quellen, nicht aus übel angebrachtem Mißtrauen, sondern um mich vor Mißverständnissen zu sichern, und auch noch Aehren zu lesen, wo er geerndtet hatte. Dankbar erwähne ich auch der **Synopsis florae classicae** von Fraas, die ohne gelehrten Prunk gar trefliche Erläuterungen vieler attischer Pflanzen des Theophrastos und folglich der Griechen überhaupt darbietet. Dagegen bedaure ich, daß mir besonders über afrikanische Pflanzen viele neuere Arbeiten ganz unzugänglich geblieben sind.

Zum Schluß noch ein Wort des Nichtphilologen an diejenigen Philologen, die nicht auf alles außer der Grammatik mit Verachtung herabsehen, und sich nicht durch die humane Eintracht beschämen lassen, mit der vielerlei Gewerke bei sonst oft geringer Bildung an demselben Hause bauen. Beim Eingehen in die Schriften der Alten von einer wenig betretenen Seite kann es nicht fehlen, daß man auf kranke Stellen trifft, die sich eben nur von dieser Seite her offenbaren. Das begegnete auch mir einige mal, wie das letzte Blatt meines Buches nachweist. Vorsichtiger wäre es gewesen, dergleichen Stellen nur anzudeuten, und ihre Heilung Andern zu überlassen. Doch grade weil ich auf philologische Präcision gar keinen Anspruch habe, glaubte ich auf billige Rücksicht um so mehr Anspruch zu haben, und

Verbesserungsvorschläge, die sich mir darboten, nicht unterdrücken zu müssen. Jeder milden Zurechtweisung in diesen wie in allen Dingen meinen Dank hiemit im voraus.

Ernst Meyer.

Botanische Auszüge

aus

Strabon's Geographie

nebst

Erläuterungen.

Botanische Auszüge

aus

Strabon's Geographie.

(Bei der Seitenzahl bedeutet C. die casaubonische Ausgabe von 1620, St. die kleine leipziger Stereotypausgabe von 1829, G. die deutsche Uebersetzung von Groskurd von 1831.)

Aus Buch III.

Kap. 2. §. 7. pag. 145. C., I. p. 233. St., I. p. 240. G. „Der Thunfisch nährt sich von einer Eichel, die im Meere wächst auf einer durchgehends niedrigen doch sehr starke Frucht tragenden Eiche, die übrigens auch auf dem Lande in Iberien häufig wächst. Sie hat große Wurzeln wie eine ausgewachsene Eiche, erhebt sich aber weniger aus dem schwachen Stock. Gleichwohl trägt sie so viel Frucht, daß nach der Reife die Küste außer- und innerhalb der Säulen [mit Eicheln], welche die Fluthen auswerfen, bedeckt ist. Doch finden sie sich diesseits der Säulen immer kleiner und häufiger. Polybios erzählt, bis nach Latium sogar trieben diese Eicheln, wenn anders nicht, wie er meint, die Insel Sardinien und deren Umgebung sie lieferen .... Auch sei jenes Thier gleichsam ein Meerschwein, denn es liebe die Eicheln, und werde davon ausnehmend fett, und wenn Fülle der Eicheln, so sei auch Fülle der Thunfische."

Hiezu gehört folgende Parallelstelle bei Athenäos[1]): „Polybios der Megapoliter sagt im vier und dreißigsten Buch der Geschichte, wo er von Lusitanien, einer Gegend Spaniens handelt: Im dortigen Meere wüchsen Eichen in der Tiefe, von deren Frucht gemästet die Thunfische fett würden; so daß derjenige nicht irre, der die Thunfische Meerschweine nenne; denn sie nährten sich gleich den Schweinen von Eicheln." Diese Stelle zeigt, daß Strabon alles Vorstehende aus dem genannten verloren gegangenen Buch des Polybios genommen; und, was für uns noch wichtiger ist, daß die Worte zu Anfang *κατὰ τῆς θαλάττης* nicht am, sondern im Meere bedeuten. Die Rede ist also von unserm Fucus

---

[1]) Athen VII. c. 14. pag 302. C. edit. Casauboni.

vesiculosus und seinen Verwandten, die schon Theophrastos [2]) Meereichen nannte, und selbst noch Clusius [3]) unter demselben Namen aus Spanien beschrieb und abbildete. Sprengel in seinem Commentar zu jener Stelle des Theophrastos wirft dem Strabon vor, er bezöge die Nachricht des Polybios unverständiger Weise auf wirkliche Eichen. Mir scheint dieser Vorwurf, so weit er gegründet ist, den Polybios selbst, den Sprengel in Schutz nimmt, zu treffen. Er verschwindet aber beinahe ganz bei der freilich etwas gewagten Construction, nach der ich übersetzte, indem ich die Worte ἐκ θάμνου ταπεινῆς zusammenfaßte, obgleich θάμνος gewöhnlich männlich gebraucht wird. Groskurd erkärt das für unstatthaft, obgleich er selbst eine Stelle anführt, worin θάμνος weiblich gebraucht wird, und schon Casaubonus und Koraïs, zwei größere Griechen als er, die freilich die ganze Stelle noch weiter emendirten und anders faßten, an jener Verbindung keinen Anstoß nahmen. Es fragt sich nämlich, ob die beschreibenden Züge bald auf die sogenannte Meer- bald auf die wirkliche Landeiche gehen, oder ob alles auf erstere geht, ausgenommen die beiden Bemerkungen, daß auch letztere in Spanien wachse, und erstere starke Wurzeln wie diese habe. Jenes ist die gewöhnliche Meinung, diese glaube ich zuerst versucht und damit

---

2) Theophr. hist. plant. IV. cap. 8 sect. 8.

3) Clusii hist. plant. I. pag. 21.

Strabon und Polybios gegen eine kleine grammatische Nachlässigkeit von einer weit schwerern Schuld losgekauft zu haben. Man vergleiche die Anmerkung bei Groskurd und, wenns beliebt auch Kärchers Uebersetzung des Strabon Seite 280, in der sich der Seetang ganz und gar in eine Eiche verwandelt.

Kap. 3. §. 6. pag. 155. C., I. p. 248. St., I. p. 262. G. „**Die Bergbewohner leben zwei Drittel des Jahrs von Eicheln, die sie trocknen und stoßen, darauf mahlen, und zu Brod verbacken, um es für die Zukunft aufzubewahren.**"

Hier haben wir eine wahre Eiche, unstreitig die, welche Clusius [1]) Ilex major nennt. Ihre Frucht nennt er süß und in Spanien sehr geschätzt; in Salamanca und an andern Orten komme sie im October und November häufig zu Markt. Nach Webb [2]) ist es Q. **Ballota Desfont.**, zu der er Q. **rotundifolia** Lam. als Abart rechnet. Ob sie aber von der älteren Q. Ilex Linn. wirklich oder, wie Boissier [3]) vermuthet, nicht specifisch verschieden sei, kann hier auf sich beruhen.

Kap. 4. §. 8. pag. 160. C., I. p. 257. St., I. p. 274. G. „**Die Emporiten sind fleißige Lein-**

---

1) Clus. l. c. pag. 22.

2) Webb, iter Hispanicum pag. 14.

3) Boissier, voyage botanique dans le midi de l'Espagne; II. pag. 578.

weber. Das Gebiet, welches sie landwärts besitzen, ist zum Theil gut, zum Theil mit Sparton, jener umtauglichen Sumpfbinse, bewachsen. Man nennt es das Binsenfeld (Ἰουγγάριον πεδίον)... Die Straße führt durch das Binsenfeld... und das in lateinischer Sprache sogenannte Fenchelfeld (Μαραθὼν πεδίον), weil da viel Fenchel wächst... Von hier aus berüht sie das sogenannte Spartfeld, auch das Binsenfeld genannt. Dies ist eine große wasserlose Ebene, welche das zu Stricken flechtbare Sparton hervorbringt, dessen Ausfuhr in alle Länder geht, vorzüglich nach Italien."

Sehr bestimmt unterscheidet Strabon, wenn nicht unter seinem Namen wieder Polybios, außer dem mit Foeniculum officinale bedeckten Felde, dem Campus Foenicularius bei Cicero[1]), zweierlei Binsenfelder, den Campus Juncarius und den Campus Spartarius. Dieses trug seinen Namen ohne Zweifel vom ächten Sparto der heutigen Spanier, unserer Stipa oder Macrochloa tenacissima; jenes vom Sparto basto, dem groben, unbrauchbaren Sparto der heutigen Spanier, der auch mit einem arabischen Namen (wie so viele spanische Pflanzen)

---

[1]) Cicero ad Attic. XII. epist. 8.

Albardin genannt wird, das ist unser Lygeum spartum, worüber Clusius[2]) und Boissier[3]) zu vergleichen sind. Ich finde das sehr klar. Einige Ausleger und darunter Groskurd, begreifen nicht, wie Strabon den Campus Juncarius σπαρτοφόρον (mit Sparton bewachsen) nennen und hinzusetzen konnte, mit der untauglichen Sumpfbinse, da doch Sparton gerade die taugliche bezeichne. Sie wollten daher theils das untauglich in tauglich umändern, theils den armen Strabon wieder einer groben Verwechselung zeihen. Eine solche finde ich nur bei Groskurd, wenn er unser Spartium scoparium und junceum, bekanntlich zwei strauchartige Papilionaceen, zu den schlechten Binsen (!) zählt, die Strabon mit dem ächten Sparton verwechselt haben soll.

Kap. 4. §. 17. pag. 165. C., I. p. 266. St., I. p. 285. G. „Iberisch ist ferner die Sitte, ein schmerzloses Gift aufzubewahren, welches sie aus einer dem Selleri (σελίνῳ) ähnlichen Pflanzer bereiten."

Σέλινον ist Selleri, Apium graveolens, nicht, wie Groskurd übersetzt, Petersilie, die Πετροσέλινον heißt. Sollte die jenem ähnliche Giftpflanze nicht unsere nach derselben Aehnlichkeit benannte Oenanthe

---

2) Clus. l. c. II. pag. 220.

3) Boissier l. c. I. pag. 80.

apiifolia sein, die von der so überaus giftigen Oenanthe crocata vielleicht nicht verschieden ist?

Kap. 5. §. 2. pag. 168. C., I. p. 270. St., I. p. 290. G. (Die Bewohner der Balearen) „tragen um den Kopf drei Schleudern von Schwarzbinsen, einer Binsenart, woraus man Stricke dreht. Auch Philetas in der Dolmetschung (ἐν ἑρμηνείᾳ) sagt:

Schlecht ist der Rock, mit Schmutze bedeckt, um die mageren Hüften
Aus Schwarzbinsen gedreht windet die Schleuder sich hin."

Nur an Ort und Stelle liesse sich ermitteln, welche Cyperacee oder Juncee mit schwärzlichen Aehren oder Früchten und feinfaserig zähem Halm auf den Balearen in solcher Menge wächst, daß sie der ganzen Bevölkerung Schleudern zu liefern ausreichte. Des Theophrastos [1]) Melankranis, also die attische Schwarzbinse, hielt Sprengel für Schoenus mucronatus, Fraas [2]) mit mehr Wahrscheinlichkeit für Schoenus nigricans. Diesen, nicht auch jenen führt Cam-

---

[1]) Theophrast. hist. plantar. IV. cap. 2., und dazu Sprengels Commentar in seiner Uebersetzung dieses Werks.

[2]) Fraas, synopsis florae classicae, S. 295.

bessedes[3]) in seiner Flora der Balearen auf. Er variirt von wenigen Zollen bis zu zwei Fuß Länge[4]). Doch weiß ich nichts über die Zähigkeit seiner Fasern.

Kap. 5. §. 4. pag. 169. C., I. p. 272. St., I. p. 292. G. „Die Milch der dort (auf der Insel Erytheia neben Gadeira) weidenden Schaafe giebt keine Molken, und wird ihrer Fettigkeit wegen bei der Käsebereitung mit Wasser gemischt.... Zwar ist es ein trockenes Kraut, das sie fressen, allein es macht fett."

Vermuthlich ist die Rede von der Isla de San Luis mit dem Fort Trokadero bei Cadir. Ob unter dem trockenen Kraut daselbst eine bestimmte Pflanzenart oder die Beschaffenheit der Weide überhaupt zu verstehen sei, scheint mir fraglich. Osbeck[1]), der auf seiner Reise nach Ostindien Cadir berührte, meldet von dort: „Spartium monospermum, das bei den Spaniern Retamas heißt, wächst wie Weidegebüsch an der See, so weit der Flugsand reicht. Besonders hatte dieses Gewächs auf der Halbinsel, auf welcher Cadir gebauet ist, welche fast ganz mit einem feinen

---

3) Cambessedes, enumeratio etc. — in den Memoires du Museum d'hist. natur. Paris, tom. XIV. pag. 322.

4) Bertoloni, flora Italica I pag. 249.

1) Osbeck, Reise nach Ostindien und China. Aus dem Schwedischen, von Georgi. 1765 S. 49.

weißen Sande bedeckt ist, überhand genommen, und gedeihet daselbst ungemein, obgleich fast gar keine andere Pflanzen, außer etwa Ononis repens fortkommen.... der Nutzen dieses Gewächses ist ausnehmend; zur Dämpfung des Flugsandes hat es kaum seines gleichen. Die Blätter und jungen Aeste sind Leckerbissen für die Ziegen. Durch seine schönen und lange daurenden Blumen macht es den traurigsten Ort zum schönen lieblich duftenden Garten u. s. w." Eine gesellige und in die Augen fallende Pflanze müßte es sein, wenn überhaupt eine bestimmte Pflanze gemeint ist. Boissier [2]) scheint sich kaum einen halben Tag bei Kadix umgesehen zu haben. Auch er fand die Retama in Menge vor der Stadt, und auf den „salzigen Wiesen" der Insel Leon nur Arten von **Salicornia, Salsola, Atriplex, Chenopodium** und **Statice**. Schade daß Willkomm in seiner Reise (zwei Jahr in Spanien und Portugal) das Botanische meist übergeht, und daß unter seinen botanischen Berichten grade derjenige fehlt, der die Gegend um Cadix schildern sollte [3]).

Kap. 5. §. 13. pag. 175. C., **I.** p. 281. St., **I.** p. 203. G. „Auch erwähnt er (Posidonios)

---

[2]) Boissier l. c. I. pag. 164.

[3]) Die botanische Zeitung von Mohl und Schlechtendal für **1845** enthält S. 313 den siebenten, S. 737. den neunten Bericht von Willkomm, der mit der Abreise von Cadix anhebt. Der achte fehlt.

eines Baums zu Gadeira (Cadix), dessen Zweige oft zur Erde niedergebogen, dessen Blätter aber schwerdtförmig oft eine Elle lang und vier Finger breit sind. Ein anderer Baum bei Neu-Karthagena (erzählt er) treibe aus Dornen einen Bast hervor, woraus man die schönsten Zeuge webe. Auch wir sahen in Aegypten einen Baum, der jenem zu Gadeira in den niedergebogenen Zweigen ähnlich, aber unähnlich in den Blättern war; auch trug er keine Frucht, dieser aber, sagt Pasidonios, trage sie. Dornbastzeuge webt man übrigens auch in Kappadokien, es ist aber kein Baum, der die Dornen trägt, woraus der Bast kommt, sondern ein niedriges Gewächs. Von jenem Baum zu Gadeira wird auch noch erzählt, daß, wenn man einen Zweig abbricht, Milch ausfließt, schneidet man aber eine Wurzel ab, ein rother Saft herausquillt."

Schon Clusius[1]) sagt am Schluß seiner Beschreibung der Dracaena Draco, von der er einen jungen Stamm zu Lissabon gesehen, bei den Alten

---

[1]) Clusii rariorum plantarum historia pag. 2.

fände er keine Erwähnung dieses Baums, es wäre denn der, von welchem Strabon nach Posidonios berichte, daß er bei Cadix wachse. Freilich passe nicht alles, die Zweige der Dracaena wären nicht niedergebogen, die Blätter nicht so breit, und aus den abgerissenen Zweigen flösse nicht Milch sondern ein wässriger Saft aus. Das ist richtig; gleichwohl kann kein anderer Baum gemeint sein, die schwerdtförmigen Blätter und das Hervortreten eines rothen Saftes, des sogenannten Drachenbluts, aus Wunden, wenn nicht der Wurzel, so doch des Stammes an seiner Basis, sind zu entscheidende Merkmale.

Der Baum mit niedergebogenen Zweigen in Aegypten, den Strabon selbst beobachtete, und von dem er uns außerdem nur sagt, daß er keine schwerdtförmige Blätter habe und keine Frucht trage, kann die in Aegypten häufige Salix Babylonica[2]) sein. Es ist bekannt, daß die Alten die Weide für unfruchtbar hielten[3]).

Aus dem basttreibenden Dornbaum bei Neu-Karthagena weiß ich nichts zu machen als Chamaerops humilis, die zuweilen, wiewohl selten, ziemlich hoch wird, und deren Blätter wirklich Bast liefern.

---

2) Forskål, flora Aegyptiaco Arabica, pag LXXVI.

3) Homeri Odyss. X. vers. 510.

Aber die bastliefernde Dornpflanze in Kappodokien weiß ich nicht zu errathen.

Aus Buch IV.

Kap. 1. §. 2. p. 178. C., I. p. 286. St., I. p. 307. G. „Ganz Narbonitis bringt dieselben Früchte hervor, welche Italien liefert. Geht man weiter gegen Norden um das Gebirge Kemmenon (die Sevennen), so hört zwar das Oliven- und Feigenland auf, allein die übrigen Früchte gedeihen. Noch weiter hinauf reift auch die Traube nicht leicht. Aber das ganze übrige Land liefert viel Getreide, Hirse und Eicheln nebst allerlei Zuchtvieh."

Es ist merkwürdig, daß schon Strabon, wie neuerlich Arthur Young, de Candolle und Andere den Oelbaum und den Weinstock zur Bezeichnung französischer Vegetationsgrenzen benutzten. Die Polargrenze des Oelbaums auf der pflanzengeographischen Karte, welche de Candolle seiner Flora von Frankreich beigab, läuft zwar von Südwest nach Nordost in diagonaler Richtung, während Strabon minder genau nur von der Nordgrenze spricht, zieht sich indeß ganz seiner Angabe gemäß dem Fuß der Sevennen entlang.

Kap. 4. §. 1. p. 195. C., I. p. 314. St., I. p. 337. G. „Ihre (Schiffe) bauen die Veneter . . . aus Eichenholz, woran sie Ueberfluß haben. Eben deshalb stoßen sie die Fugen der Planken nicht zusammen, sondern lassen Zwischenräume, die sie mit Moosen (βρύοις) ausstopfen, damit das Holz während der Schiffslagerung nicht eintrockne, wenn es unbefeuchtet wäre; denn das Moos ist von Natur feuchter, hingegen die Eiche trocken und ungeschmeidig."

Die Veneter gehören zu den Belgiern an den Mündungen des Rheins. Groskurd übersetzt das zum Kalfatern der Schiffe von ihnen benutzte βρύον durch Seetang. Das kann dem Wortsinn nach richtig sein, doch zweifle ich, ob Seetang dem Zwecke entsprechen würde. Auch wirkliches Moos dürfte sich nicht dazu eignen. Vermuthlich war es Schilf[1]), das der Berichterstatter mit Tang verwechselte. Daß er vom Zwecke des ganzen Verfahrens eine unrichtige Vorstellung hatte, liegt am Tage. Auch Eichenholz dehnt sich im Wasser der Breite nach aus, und zieht sich beim Trocknen zusammen; daher auf dem Lande trocken liegende Fahr-

1) Nach Plinius (XVI cap 36. sect 64.) kalfaterte man grade in Belgien mit Schilf.

zeuge stets undicht werden. Man kalfatert sie mit Werg, Schilf oder anderen weichen schwammigen Substanzen im trockenen Zustande, damit im Nassen die Fugen um so dichter schließen.

Kap. 4. §. 6. p. 199. C., I. p. 320. St., I. p. 343. G. „Auch wird versichert, daß in Keltike (Gallien) ein dem Feigenbaum ähnlicher Baum wächst, der eine Frucht trägt, gestaltet wie ein korinthischer Säulenkopf. Wird diese aufgeschnitten, so entquillt ihr ein tödtlicher Saft zum Bestreichen der Pfeile."

Das kann nur Datura Stramonium sein, deren angeblich amerikanische Abkunft schon so oft bezweifelt und noch neuerlich von Bertoloni[1]) und Fraas[2]) gründlich widerlegt ward. Jedenfalls ist es die einzige jetzt in Frankreich wachsende stärkere Giftpflanze, deren großes tiefbuchtiges Blatt mit dem der Feige, deren Frucht, umgeben von der zurückgeschlagenen Kelchröhre, besetzt mit langen zurückgebogenen Stacheln, zumal wenn sie sich zu öffnen anfängt, mit dem korinthischen Säulenkopf verglichen werden konnte. Sie ist zwar kein Baum, Frankreich besitzt aber überhaupt keinen Giftbaum. Die unverkennbare Beschreibung dieser Pflanze schon bei

---

[1]) Bertoloni, flora Ital. II. pag. 608.

[2]) Fraas, synopsis florae classicae b. 169.

Theophrastos[3]), ihr zwar durch Verdorbenheit des Textes verdunkeltes, doch leicht wiederherzustellendes Bild bei Dioskorides[4]), so wie das Wenige was Plinius[5]) über sie aus eigener Kenntniß beibringt, erheben jene Vermuthung zur Gewißheit.

Theophrastos nennt sie **Strychnos manicos**, und beschreibt sie so: „Sie hat eine weiße armslange hohle Wurzel. Ihr Blatt gleicht dem des Euzomon (der Eruca sativa), ist aber größer. Der Stengel wird ein Klafter hoch, der Kopf wie die Zwiebel des Porro, nur größer und dicker; auch gleicht er der Platanenfrucht. Der Saft der Wurzel bewirkt in verschiedenen Dosen Heiterkeit, Sinnestäuschung, Raserei und Tod."

Bei Dioskorides lesen wir folgendes: „Strychnon manikon (die Synonyme übergehe ich). Sein Blatt ist ähnlich dem Euzomon, nur größer, zu den Blättern der Akanthe, welche man Päderos nennt, sich hinneigend. Von der Wurzel erheben sich hohe Stengel, zehn oder zwölf, ein Klafter hoch. Der darauf sitzende Kopf wie eine Olive, nur rauher, wie die Kugel der Platane, aber größer und dicker. [Die Blume schwarz. Nach dieser entsteht die Frucht traubenartig rund schwarz, zehn bis zwölf Beeren gleich dem Epheustrauß, weich wie Weintrauben.] Darunter befindet

3) Theophrast. hist plantar. IX. cap. 11. sect. 6.

4) Dioscorid. IV. cap. 74.

5) Plin. hist. nat. XXI. cap. 31. sect. 105.

sich die Wurzel, weiß, dick, hohl, fast armslang. Es wächst in bergigen Gegenden dem Winde ausgesetzt unter Platanen u. s. w.“ Es folgen die Wirkungen ganz so wie bei Theophrastos. Offenbar entlehnte Dioskorides diese Beschreibung bis auf wenige eigene Züge von jenem; aber eine spätere Hand fügte die Beschreibung einer ganz andern Pflanze, vermuthlich der **Atropa Belladonna** am Rande hinzu, die noch spätere Abschreiber dem Text einverleibten, ohne zu bedenken, wie die eine Beschreibung der andern widerspricht.

Plinius endlich spricht von zwei in Aegypten einheimischen Strychnosarten, und kommt dann auf eine dritte Art mit Okimonblättern (tertio sunt folia ocimi), die, wer von Heilmitteln, nicht von Giften handle, keineswegs genau beschreiben dürfe. Ihre Wirkungen beschreibt er genau so wie Dioskorides. „Das ist das Gift,“ so schließt er, „welches die unverfänglichsten Schriftsteller einfach Dorycnion genannt haben, deshalb, weil man hie und da, wo es wächst, die Pfeilspitzen in Schlachten damit vergiftet; mäßig weitergehende nannten es Manicon; nichtswürdige Geheimnißkrämer Erytheon oder Neurada, einige auch Perisson, und beschrieben es (angeblich) damit man es meiden könne, sehr genau.“ — Der Name (Strychnon) Manikon, den wir schon bei Dioskorides und Theophrastos fanden, nebst der Uebereinstimmung in der Angabe der Wirkungen überzeugen wohl jeden Unbefangenen, daß Plinius so wie seine beiden Vorgänger von derselben Pflanze sprechen; und der Zusatz bei Plinius vom Vergiften der Pfeile bezeugt abermals auch die Identität dieser Pflanze mit der ungenannten bei Strabon. Nur eins steht uns noch im Wege, — die Okimon- (Basilicum-) Blätter, welche Plinius seiner Pflanze zuschreibt. Doch wer erinnert sich nicht, wie oft Plinius, wenn er sich vorlesen ließ, oder seine Schreiber, wenn er dictirte, sich verhörten[6])? und wer sieht nicht, wie leicht auf solche Art Euzomonblätter in Okimonblätter übergehen konnten?

Unbegreiflich ist mir daher, wie eine ganz andere von Fabius Columna[7]) aufgestellte, von Bodäus van Stapel[8]) aufgefaßte Meinung noch Glauben findet. Ihr zufolge stände die eingeschobene Stelle bei Dioskorides zwar am unrechten Ort, wäre aber nicht unächt, sondern Ueberrest der Beschreibung einer Andern Art von Strychnos, welche unserer Atropa Belladonna entspräche. Dies, setzte man hinzu, wäre die Art, welcher Plinius Okimonblätter zuschrieb, und so weit ging man, die angeblichen Lücken bei Dioskorides aus Plinius zu ergänzen. Denn eine so bedeutende Pflanze wie Atropa Belladonna durfte ja bei den Alten nicht fehlen. Hoffent-

6) Beispiele der Art giebt Sprengel in seiner Geschichte der Botanik I. S 163. f.

7) Fab. Columnae phytobasanos pag. 37.

8) Bod. a Stapel, in seiner Ausgabe von Theophrasti hist. plantar. pag. 585.

lich überhebt mich die einfache Darstellung des ganzen Sachverhalts jeder weitern Widerlegung.

Kap. 6. §. 2. p. 202. C., I. p. 326. St., I. p. 349. G. „Die dortigen Berge haben sehr viel Holz zum Schiffbau und solche Riesenbäume, daß der Durchmesser bei einigen acht Fuß beträgt. Auch stehen viele an Buntheit dem Thyonholze nicht nach zu Tischlerarbeiten."

Strabon spricht von den Seealpen längs der Küste zwischen Nizza und Genua. Von den ungeheuern Tischplatten aus westafrikanischem Thyonholz, mit denen die Römer einen unglaublichen Luxus trieben, wird zu pag. 826. C. die Rede sein; und dort werde ich beweisen, daß sie aus wahrem Zedernholz bestanden. Hier kann wohl nur die in den piemontesischen Gebirgen gemeine **Taxus baccata** verstanden werden, deren Stamm, wie Desfontaines[1]) sagt, zuweilen eine prodigiöse Dicke erreicht, und deren Holz bekanntlich von den Tischlern dem Mahagoniholz fast gleich, in England sogar höher geschätzt wird. Ob die Angabe ihrer Dicke bei Strabon übertrieben sei oder nicht, läßt sich gar nicht mehr beurtheilen, da dieser Baum vermuthlich zu den wenigen uralten Ueberresten einer frühern Vegetationsperiode unserer Erdrinde gehört, ein Alter von, ich weiß nicht wie vielen Jahrhunderten,

1) Desfont. hist. des arbres II. p. 554.

zu erreichen fähig ist, in der neuern Zeit aber seinem Untergange mehr und mehr entgegen geht. Eine aus seinem Holz gefertigte mehr als zwei Fuß breite Tischplatte von schönster Politur seiner bunten Masern hatte ich selbst zu sehen Gelegenheit.

Aus Buch V.

Kap. 1. §. 12. p. 218. C., I. p. 352. St., I. p. 376. G. „Das angebauete Feldland (im diesseitigen Gallien) liefert viele und mancherlei Früchte. Die Wälder haben so reiche Eichelmast, daß von den dortigen Sauheerden Rom großentheils ernährt wird. Wegen der starken Bewässerung ist es auch außerordentlich ergiebig an Hirse (κεγχροφόρος); Diese aber ist die stärkste Schutzwehr gegen Hungersnoth, denn sie widersteht allen Unbilden der Witterung und kann niemals fehlschlagen, wenn auch beim übrigen Getreide Mißwachs eintritt. Ferner hat es auch bewundernswürdige Pechhütten. Des Weines Ueberfluß bekunden die Fässer, die von Holz und größer als Häuser sind.“

Ich führe diese Stelle, an der im Grunde nichts zu erläutern ist, nur wegen der Hirse, κέγχρος, an, worunter Neuere bald dies bald jenes verstehen wollten. Zu pag. 547. werde ich ausführlicher darüber sprechen, und die alte Meinung, daß es unser Panicum Miliaceum sei, in Schutz nehmen.

Kap. 2. §. 9. p. 226. C., I. p. 366 St., I. p. 391. G. „Zu des Landes (Tyrrheniens) Segensfülle tragen auch die großen und vielen Seen bei; denn sie werden beschifft und nähren viele Fische und Sumpfvögel. Auch viel Kolbenrohr (τύφη) Papierschilf (πάπυρος) und Polsterschilf (ἀνθήλη) wird nach Rom auf den Flüssen, welche die Seen in die Tiber entlassen, verführt"

Diese bisher ganz übersehene Stelle vollständig zu erläutern, übersteigt meine Kräfte. Das ist unverkennbar, daß Strabon unsern Cypérus Papýrus hier im obern Flußgebiet der Tiber angiebt, wo ihn kein Neuerer wiedergefunden. Bertoloni[1]), der mitten in der hier bezeichneten Gegend lebt, sah ihn nur aus Sicilien.

Τύφη entspricht wenigstens bei den übrigen Griechen unserer Gattung Typha, ohne daß man die Arten unterschied. Ich weiß aber nicht, wozu es die Römer sollten benutzt haben, und zweifle daher an der Richtigkeit der Deutung.

---

[1]) Bertoloni, flora Italica I. pag. 274.

Ἀνθήλη bezeichnet sonst den Schopf schilfartiger Pflanzen[2]), ja sogar die Kolbe der Typha selbst, wenn sie sich in Flocken auflöst[3]). Nach Sprengel[4]) soll die Rispe der Phragmites vulgaris statt Pinsel beim Tünchen gebraucht sein; nach Fraas[5]) mischte man im alten Griechenland, wie noch jetzt, die Rispe des Saccharum cylindricum dem Kalk bei, um ihn bündiger zu machen. Eins oder das andere geschah vielleicht auch zu Rom, wo dann Phragmites vulgaris die Stelle des dort seltenen Saccharum vertreten mußte. Hier steht ἀνθήλη freilich wie der Name einer Pflanze, doch vielleicht nur pars pro toto.

Nach Plinius[6]) benutzte man schilf- oder rohrartige Pflanzen zu Rom vornehmlich 1. zu leichten Dächern, 2. die Rispe zu Polstern statt Federn, 3. zu Pfeilen; dazu fand man das Rohr vom Reno bei Bologna am besten; 4. zu Weinpfählen, dazu gebrauchte man wie noch jetzt Arundo Donax; 5. eine Art, die nicht genannt wird, lieferte auch in Italien die Abarke, die den Zähnen heilsam war. Allein zur

---

2) Schneider sub voce ἀνθήλη im Register zu seiner Ausgabe des Theophrastos.

3) Dioscorid. III. cap. 123.

4) Sprengel im Commentar zu seiner Uebersetzung des Theophrastos, S. 175.

5) Fraas, synopsis florae classicae, S. 299.

6) Plin. hist. natur. XVI cap. 36.

Papierbereitung taugte, wie Plinius ausdrücklich sagt, das italiänische Schilf nicht.

Aus Buch VI.

Kap. 2. §. 3. p. 269 C., II. p. 28. St., I. p. 473. G. „Wenn, sagt Posidonios, die Ausbrüche des Berges (des Aetna) erfolgen, so werden die Felder der Katanäer hoch mit Asche bedeckt. Nun schadet zwar die Glühasche für die Gegenwart, für die Zukunft aber thut sie dem Lande wohl, sie macht es rebenreich und fruchtgedeihlich, während das übrige Land minder weinreich ist. Die Kräuter der mit Asche befallenen Gegenden machen die Schaafe, sagt er, so fett, daß sie ersticken .... Die Asche der verbrannten Steine wird der Holzasche ähnlich; und wie die Raute in der Holzasche sich ernährt, so hat wahrscheinlich des Aetna Asche mit dem Weinstock eine ähnliche Verwandtschaft."

Das treffliche Gedeihen des Weinstocks auf vulkanischem Boden ist bekannt. Daß aber die Raute, **Ruta graveolens**, zu ihrem Gedeihen der Asche bedürfe, war allgemein verbreiteter Glaube. Die darauf bezüglichen Stellen der Alten sammelte Schneider in seinem Commentar zum Columella[1]).

Aus Buch VIII.

Kap. 3. §. 14. p. 344. C., II. p. 155. St., II. p. 29. G. „Nahe bei Pylos (in Elis) gegen Morgen ist ein nach jener Minthe benannter Berg, die nach der Sage des Hades Bulerin war, aber von Kore zertreten in die Gartenminthe verwandelt ward, welche Einige Hedyosmon nennen."

Nach Fraas[1]) Mentha piperita, die gewöhnlich in Griechenland gebaute, und noch jetzt Gartenminze, ἥμερος ἡδύοσμος, genannt wird.

Aus Buch IX.

Kap. 2. §. 18. p. 407. C., II. p. 258. St., II. p. 159. G. „Der Sumpf, worin das Flötenrohr wächst."

Kap. 2. §. 30. p. 411. C., II. p. 266. St., II. p. 172. G. „Der Sumpf, worin das Flötenrohr wächst."

---

1) Scriptores rei rusticae, edid. Schneider, Vol. II. pars II. pag. 590 (zu Columell. XI. cap. 3. sect. 38).

1) Fraas, synops. flor. class. S. 176.

An beiden Stellen ist die Rede vom orchomenischen See in Böotien. Allgemein hielt man Arundo Donax für den κάλαμος ἀυλητικὸς, das Flötenrohr, welches Theophrastos[1]) so sorgfältig beschreibt. Fraas[2]), der die Gegend selbst untersuchte, ist anderer Meinung; er hält es für Saccharum Ravennae, und zwar vornehmlich deshalb, weil Arundo Donax überall in Griechenland wächst, Saccharum Ravennae dagegen nur an wenigen schärfer begrenzten Stellen, unter andern auch am orchomenischen See. Diese Gründe halte ich für entscheidend. Später pag. 578. nennt Strabon noch einen Sumpf in Phrygien, der gleichfalls Flötenrohr lieferte. Es konnte also keine gemeine Pflanze sein.

Kap. 3. §. 3. p. 418. C., II. p. 276. St., II. p. 186. G. „Dort (bei Antikirrha am malischen Busen und am Oeta) sagt man, wachse die kräftigste Nieswurz (ἐλλέβορος); hier aber (bei Antikirrha in Phokis) werde sie besser bereitet. Deshalb reisen Viele dahin der Reinigung und Genesung wegen; denn bei der phokischen Antikirrha wachse ein sesamartiges Heilkraut, mit welchem die ötäische Nieswurz bereitet werde.“

---

1) Theophrast. hist. plantar. IV. cap. 11.

2) Fraas, synops. flor. classic. S. 298. und 300. f.

Der Berg Oeta ist demnach der wahre Fundort der kräftigsten Nieswurz, des Helleborus officinalis (orientalis Lam.), der, an Gestalt dem H. viridis, an Farbe des Kelches dem H. niger ähnlich, auf mehreren höhern Gebirgen des nördlichen Griechenlands in beträchtlicher Höhe, unter andern auch auf dem Oeta von neuern Botanikern wieder gefunden ward. Am besten bereitet ward er aber nicht in dem Antikyra (Antikirrha ist der ältere Name derselben Städte), welches am Fuß des Gebirges lag, sondern in dem, welches zu Phokis gehörte, wo die Pflanze wuchs, die man der Nieswurz zusetzte.

Diese sesamartige Pflanze ist sehr zweifelhaft. Bei Theophrastos kommen zwei Aeußerungen vor, die sich auf sie beziehen lassen. Zuerst sagt er[1]): „Der Elleboros bewirkt dasselbe, sowohl durch die Wurzel, wie durch die Frucht, wenn man in Antikyra, wie es heißt, mit der Frucht abführt. Diese ist sesamartig." Bald darauf[2]) sagt er: „Damit es leichter Brechen errege, mischt man zu dem Trank den Samen der Elleborine. Das ist ein kleines Kraut." Es fragt sich also: verstand Strabon unter der sesamartigen Pflanze die Frucht des Helleborus selbst, oder die Helleborine des Theophrastos? Um die Ungewißheit noch höher zu steigern, beschreibt Dioskorides[3]) nach

1) Theophrast. hist. plantar. IX. cap. 9. sect. 2.
2) L. c. cap. 10 sect. 2.
3) Dioscorid. IV. cap. 150.

der weißen und schwarzen Nieswurz ein Kraut unter dem Namen des großen Sesamoides (σησαμοειδὲς μεγά) mit folgenden Worten: „In Antikyra nennt man es Elleboros, weil es bei den Reinigungen dem weißen Elleboros zugemischt wird. Das Kraut gleicht dem Waldgreis oder der Raute. Blätter groß; Blumen weiß; Wurzel dünn, unwirksam; Same wie beim Sesamon, bitter von Geschmack u. s. w.“ Das übrige betrifft die Wirkung. Nach ihm wird dieser Zusatz also zum weißen Helleborus gemacht, einer ganz andern Pflanze als der schwarze, wodurch Antikyra so berühmt war, wiewohl auch jene auf dem Oeta wuchs. Irre ich nicht, so war die Zubereitung des Helleborus ein Geheimniß weniger Aerzte oder Rhizotomen zu Antikyra, wovon nur soviel verlautete, daß die Frucht des Zusatzes der Sesamfrucht glich. Das paßt sowohl auf des Helleborus eigene Frucht, wie auf die der **Serapias Helleborine**, welche man sonst hierher zog, und besonders auf die aller Arten von **Reseda**, wovon man eine Art in der Meinung, es wäre die Pflanze des Dioskorides, obgleich sie gar nicht in Griechenland wächst, **Reseda sesamoides** nannte. Nach Fraas[4]) hat Griechenland nur zwei Arten, **R. Phyteuma** und **R. undata**. Letztere scheint das Sesamoides des Dioskorides zu sein; ob auch des Strabon, bleibt unentschieden.

---

[4]) **Fraas**, synops. fl. class. s. 115.

Aus Buch XI.

Kap. 4. §. 3. p. 502. C., II. p. 415. St., II. p. 378. G. „Nicht nach seinem Werth benutzen sie (die Albanier) das Land, welches jede Frucht, auch die zarteste, und jedes Gewächs hervorbringt, denn auch die immergrünen trägt es, ohne die mindeste Pflege zu empfangen: sondern die Früchte wachsen alle ungesäet und ungepflügt, wie die dort gewesenen Krieger melden, die von einem kyklopischen Leben erzählen. Vielerwärts, sagen sie, trage das einmal besäete Feld zwei- auch wohl dreimal Frucht, das erste mal funfzigfältig, und das alles ohne Brache, u. s. w."

Es ist die Rede von der Gegend südlich vom Kaukasus an der Westküste des kaspischen Meers, dem Deltalande des Kur oder der Umgegend des heutigen Ssallian. Eichwald[1]) beschreibt diese Gegend in unserer Zeit fast noch eben so fruchtbar wie Strabon. „Man bauet um Ssallian Baumwolle, Reis, Weizen, Gerste.... Weizen wird von der Krone viel gebaut, weil hier der Boden sich so außerordentlich dazu eignet, und die

---

1) Eichwald, Reise auf dem kaspischen Meere und im Kaukasus. Stuttgart und Tübingen 1831 Band I Abtheilung I. Seite 443.

Erndte oft hundertfach sein könnte, wenn man die gehörige Cultur des Bodens und das Einsammeln sorgfältig betreiben wollte... Die Krone säet an Weizen 200 Tagar, und erhält davon eine Erndte von 2000 Tagar. An Reis säet man eben so 200 Tagar; davon erhält die Krone als Erndte etwan 1800 Tagar, und eben so viel die Arbeiter." Dabei ist noch zu bemerken, daß von der Weizenerndte die Arbeiter den vierten Theil bekommen, daß also der Gesammtertrag derselben 2500 Tagar ausmacht. Mithin liefert ungeachtet der sorglosen Cultur der Weizen 12½fältig, der Reis gar 18fältig. Der Brache erwähnt Eichwald gar nicht, sie scheint daher auch jetzt noch nicht gebräuchlich zu sein. Weiterhin[2]) nennt Eichwald die Provinz Schirvan überhaupt eine der fruchtbarsten des Kaukasus, und fügt hinzu: „Es liegt am Kur ein Landstrich, der das 150fache Korn trägt, und nur alle drei Jahr besäet zu werden braucht; vorzüglich gilt dies von der Weizenerndte. Nur ist es sehr schwer dieselbe gehörig zu besorgen; denn zur Erndtezeit werden die Eingeborenen selbst von der Hitze so stark angegriffen, daß sie oft krank darniederliegen."

Kap. 7. §. 2. p. 508. C., II. p. 426. St., II. p. 393. G. „Von des Landes (Hyrkaniens) Segensfülle führt man unter andern folgende Be-

---

2) Eichwald a. a. O. Abtheil. II. S. 11.

weise an: der Weinstock trägt einen Eimer Wein, der Feigenbaum sechzig Scheffel; das Getreide wächst aus der ausgefallenen Frucht des Halms u. s. w." ... (p. 509. C.) „Aristobulus sagt, das waldige Hyrkanien habe die Eiche, allein die Kiefer, die Tanne und die Pinie (πεύκην δὲ καὶ ἐλάτην καὶ πίτυν) wachse dort nicht."

Wir befinden uns jetzt im heutigen Masenderan, zwischen der Südküste des kaspischen Meers und dem Nordabfall des alpenhohen Elburs. Eichwald[1]) erzählt, wie er mit einem Boot in die Mündung des Bobul einlief: „Das Land schien eben so fruchtbar als reich an malerischen Gegenden. Man sah überall das schönste Laub und fand Schatten vor der Hitze. Granat- und und Zitronenbäume fanden sich mit Ellern und Ahorn gemischt; am häufigsten fanden sich aber Weinreben, so daß man ihre Trauben nicht mehr sammelte, sondern sie vertrocknen ließ. Die meisten Weinreben hatten die Dicke eines Oberschenkels, und erhoben sich in viele Aeste getheilt in die Höhe. Ihre Aeste erstreckten sich von einem Baum zum andern und versperrten so oft den Durchgang in diesem Labyrinth, durch das man sich mit Mühe an's Ufer durchwinden mußte".

---

1) Eichwald, a. a. O. Abtheilung I. Seite 331

Eben so Arthur Conolly[2]), der das Land von Westen aus bis Astrabad der Länge nach durchzog. „Masenderan ist voll hoher Berge, bekleidet vom Fuß bis zum Gipfel mit Europas und Asiens Wald- und Fruchtbäumen. Wilde Weinstöcke von gigantischem Wuchs schlingen sich um starke Bäume und schmiegen ihre Ranken um die höchsten Zweige. Wallnuß-, Maulbeer-, Birn- und Granatbäume sind in Ueberfluß, und ihre Blüthen bilden einen schönen Gegensatz gegen das dunkle Laub der Waldbäume. Die Rasen waren grün und elastisch und mit Blumen bedeckt. Wir erfreuten uns guten Wassers, und der Duft der wilden Rose des Jasmins und des Hagedorns erfüllte überall die Luft".

Den Weizen scheint der Reis und die Baumwollenstaude beinahe verdrängt zu haben. Die Perser sagen: ein unnützer Masenderan-Junge droht seiner Mutter, wenn sie nicht seinen Willen thue, so werde er nach Irak gehen und Brod essen[3])

Die Quercus castaneifolia des Kaukasus fand Eichwald auch hier.

Nadelhölzer nennen weder er noch Conolly noch Gmelin und Gablitzl[4]), die doch von der Küste

---

2) Conolly, journey to the north of India, overland from England etc. Second edit. l. pag. 17.

3) Conolly, l. c. pag. 18.

4) Gmelin, Sam. Gottl., Reise durch Rußlan III. und IV., dem Gablitzl's Tagebuch angefügt ist.

bis zur Alpenregion aufstiegen, noch auch Mirbel[4]), der alles, was uns ein pflanzengeographisches Bild von Masenderan zu geben geeignet war, zusammentrug. Er versichert, man hätte daselbst weder Fichten noch Tannen beobachtet, und sucht diese Thatsache durch die klimatischen Verhältnisse zu erklären. Ich führe das an, weil Ritter[5]) im Gegentheil versichert: „Doch auch Zedern, Zypressen und Buchsbaum treten hier auf."

Kap. 5. §. 5. p. 510. C., II. p. 428. St., II. p. 395. G." Diesen also (den Jaxartes) nannte man Tanaïs, und fügte der Behauptung, daß er der Tanaïs des Polykleitos sei, den Beweis hinzu, das Land jenseits dieses Stromes bringe die Tanne hervor, und die dortigen Skythen bedienten sich tannener Pfeile. Das sei ein Zeichen, daß das jenseitige Land zu Europa gehöre, nicht zu Asia; denn das obere und das östliche Asia erzeuge keine Tannen. Dagegen sagt Eratosthenes, auch in Indien wüchse die Tanne, und Alexandros habe daraus seine Flotte gebauet."

In dieser Stelle spielt die Komödie der Irrungen. Wie man den Tanaïs, unsern Don, der sich von

---

4) Mirbel in den Mémoires du Museum d'hist. nat. XIV. p. 396.

5) Ritter, Erdkunde, VIII. S. 427.

Norden her ins asowsche Meer ergießt, mit dem Jaxartes, unserm Sir, der von Osten her in den Aralsee mündet, verwechseln konnte, ist schwer zu begreifen. Wahr ist nur, daß östlich vom Don bis tief nach Sibirien hinein in gewisser Breite fast alles Steppenland ist, worin sich nur an den Flußufern noch einiger Baumwuchs, aber kein Nadelholz zeigt.

Auf das indische Nadelholz, woraus Alexandros seine Flotte erbaute, werden wir pag. 698. kommen.

Ueber das Geographische dieser Stelle verdient Eichwald [1]) nachgelesen zu werden.

Kap. 8. §. 7. p. 513. C., II. p. 433. St., II. p. 401. G. „Die Massageten auf den Inseln, die kein Ackerland haben, genießen Wurzeln und wilde Früchte. Sie kleiden sich in Baumbast, denn sie haben kein Vieh, und trinken die ausgepreßte Frucht der Bäume. Aber die in den Sümpfen essen Fische und bekleiden sich mit den Fellen der aus dem Meer heraufkommenden Seehunde. Die Bergbewohner ferner nähren sich gleichfalls von wilden Früchten. Sie haben auch Schaafe, aber so wenige, daß sie dieselben nicht

---

1) Eichwald, a. a. O. Band II. Seite 48.—50. Vergl. Zimmermann, Denkschrift über den untern Lauf des Oxus u. s. w. Berlin 1845. 4to.

schlachten, sondern der Wolle und Milch halber derselben schonen. Die Kleidung färben sie mit Pflanzensäften von schwer zerstörbarem Glanz."

Daß hier und ebenso bei Herodotos, wo er von den Massageten spricht, unter dem Namen Araxes der Jaxartes, unser Sir, zu verstehen sei, hat Eichwald[1]) umständlich erwiesen. Zwischen dem Aralsee im Westen und dem Gebirge Bolortagh im Osten haben wir also die Massageten zu suchen. Hören wir nun erst, was Herodotos[2]) von ihnen erzählt: „Das Volk soll groß und tapfer sein und gegen Morgen hinter dem Araxes wohnen. Diesen halten Einige für größer, Andere für kleiner als die Donau. In ihm sollen sich viele Inseln befinden so groß wie Lesbos, und es sollen Menschen darauf wohnen, die sich im Sommer von allerlei Wurzeln, die sie ausgraben, ernähren, reife Baumfrüchte aber, die sie finden, zurücklegen, um den Winter davon zu zehren. Auch sollen sich Bäume mit Früchten von solcher Beschaffenheit bei ihnen finden, daß sie, wenn sie im Kreise stehend dieselben ins Feuer werfen, von dem Geruch der hineingeworfenen dampfenden Früchte trunken werden, wie die Griechen vom Wein, und zwar je mehr sie hineinwerfen, desto trunkener, bis sie zu tanzen und zu singen beginnen... Auf den In-

---

1) Eichwald a. a. O. Band II. S. 1. ff.

2) Herodot. I. cap. 201, 202.

seln am Ausflusse aber wohnen Menschen, die sich von rohen Fischen nähren und in Seehundsfelle kleiden." Herodotos unterscheidet also zwei, Strabon drei Massagetenhorden, um mich dieses bei den Kirgisen üblichen Ausdruckes zu bedienen. Dasselbe Volk von damals ist es freilich nicht mehr, was jetzt dort wohnt; aber es blieb dort dieselbe Natur; diese wollen wir untersuchen, so weit unsere Hülfsmittel reichen.

Am untern Sir und an den Ostufern des Aralsees fand Eversmann[3]) ausgedehnte Flächen dicht bewachsen mit hohem Schilf. Er bezeichnet es nicht näher, aber das südwestliche Ufer fand neuerlich Basiner[4]) eben so bewachsen mit Phragmites vulgaris. Versteckt in diesem Schilf hausen an der Ostküste arme Kirgisen. Das wird die Heimath der Sumpfmassageten sein, von denen nichts weiter zu sagen ist. Höher hinauf wohnten die Inselmassageten; denn nicht von See- sondern Flußinseln spricht Herodotos. Ob das wirklich Inseln, oder nur die Gegenden zwischen den Flußgabelungen waren, kümmert uns nicht. Hier giebt es ein einziges baumartiges Gewächs, was aber nicht selten beträchtliche Wälder bildet, den wunderlichen kasuarinenartigen Saxaul der Kirgisen, unsere

---

[3]) Eversmann, Reise von Odenburg nach Buchara.

[4]) Basiner, Reise nach Chiva; in den Beiträgen zur Kenntniß des russischen Reichs, herausgegeben von Baer und Helmersen. Band XV. S. 222.

Anabasis Ammodendron[5]) aus der Familie der Chenopodiaceen! Aus seinen trockenen Früchten läßt sich kein berauschender Saft pressen. Auch sein hartes und schweres, aber in hohem Grade brüchiges Holz ist zu nichts nutz, als zum Brennen, liefert jedoch eine ausgezeichnet schöne Kohle[6]). Außerdem erwähnt Eversmann nur noch einer einzigen merkwürdigen Pflanze jener unwirthbaren Steppen, der Ferula Persica[7]), einer jener hohen und starken Doldenpflanzen, welche die Asa foetida liefern. Das paßt alles nicht zu dem, was Strabon von den Inselmassageten sagt; zu dem, was Herodotos sagt, läßt es sich indeß einigermaßen deuten. Wen erinnerten seine berauschenden Räucherungen nicht an die Zaubereien mancher nordsibirischen Völkerschaften unter Räucherung, wildem Tanz und Geschrei? Dazu konnte das Holz des Saraul, die Frucht der Ferula dienen. Eichwald[8]) meint, Herodotos habe durch Mißverständniß aus einem berauschenden Getränk seine Räucherungen gemacht, und erinnert an Masenderan's Granatwälder. Sollten dergleichen jemals am Sir gewesen sein? Lieferten sie je ein berauschendes Getränk? Weit wahrscheinlicher

---

5) C. A. Meyer in Ledebour flora Attaica, II. pag. 375.

6) Basiner a. a. O. Seite 93.

7) Eversmann a. a. O. S. 52.

8) Eichwald a. a. O. Band II. Seite 30.

verwechselte im Gegentheil Strabon die berauschende Räucherung mit einem Getränk.

Einige Arten von Allium, die Eversmann fand, können die eßbaren Wurzeln dieser Massageten sein. Allein die wilden Früchte, die sie essen, den Baumbast, in den sie sich kleiden, weiß ich nicht zu deuten. Daß sie kein Vieh halten konnten, liegt in der Natur der Steppe, die kaum den Kameelen oder Pferden auf dem Durchzuge ein dürftiges Futter gewährt.

Die Gegend näher dem Gebirge kennen wir zu unvollständig, um über die Bergmassageten und ihre Farbestoffe auch nur eine Muthmaßung auszusprechen.

Kap. 13. §. 7. p. 525. C., II. p. 453. St., II. p. 425. G. „Auch das Kraut, welches diese Pferde vorzüglich nährt, nennen wir, weil es hier (in Medien) häufig wächst, eigenbenamt das Medische. Das Land trägt auch Silphion, wovon der sogenannte medische Saft kommt, dem kyrenäischen weit nachstehend. Zuweilen übertrifft er ihn jedoch, sei es nach Verschiedenheit der Standorte, oder weil die Pflanze der Art nach verschieden ist, oder auch weil die Sammler den Saft so bereiten, daß er zur Aufbewahrung und zum Gebrauch unverdorben bleibt."

Μηδική ist unsere Luzerne, **Medicago sativa**, worüber Basiner[1]) aus Chiva berichtet, sie werde alle sechs Jahr einmal gesäet und vier- bis fünfmal jährlich geschnitten.

Medischer Saft, **Asa foetida**, unterscheidet sich noch jetzt nicht nur durch sorgfältigere oder sorglosere Art der Einsammlung und Verpackung, sondern auch nach Verschiedenheit der Mutterpflanzen. Zwei derselben, die so eben schon genannte **Ferula Persica** und die eigentliche **Ferula Asa foetida**, kennen wir bereits mit Sicherheit; einige andere liefern wenigstens ein ähnliches Product. Vom kyrenäischen Silphion wird zu pag. 837. mehr zu berichten sein.

Aus Buch XII.

Kap. 3. §. 7. p. 543. C., III. p. 17. St., II. p. 465. G. „Im herakleotischen Gebiet wächst das Akoniton."

Eben da, bei Heraklea im Pontos, läßt Theophrastos das meiste und beste Akoniton wachsen, welches man nach Mattioli's Untersuchungen, die anfangs heftigen Widerspruch erregten, jetzt ziemlich einstimmig für unser **Doronicum Pardalianches** hält[1]). Indem ich mich dieser Meinung anschließe, halte ich für

---

[1]) Basiner a. a. O. Seite 234.

[1]) Sprengel, in seinem Commentar zum Dioskorides und Fraas synops. flor. classic. S. 134 und 211.

nothwendig sowohl des Dioskorides wie auch des Theophrastos Beschreibung des Akoniton zur Vergleichung hier einzuschalten, und über letztere einiges zu sagen.

Dioskorides[2]) sagt: „Akoniton, von Andern Pardalianches u. s. w. genannt, hat drei bis vier Blätter dem Saubrod (κυκλαμίνῳ) oder der [wilden] Gurke ähnlich, nur kleiner und schärflich. Der Stengel spannenlang; die Wurzel wie ein Skorpionschwanz, wie Alabaster glänzend.“ Hierauf spricht er von den Wirkungen, und beschreibt sodann im folgenden Kapitel noch ein ganz anderes Akonitum aus Italien, das bei keinem ältern Schriftsteller vorkommt und ohne Zweifel zu unserer Gattung gleiches Namens gehört.

Theophrastos[3]) sagt: „Das Akoniton wächst in Kreta und Zakynthos, das meiste und beste aber zu Heraklea im Pontos. Es hat ein saubrodartiges (κυκλαμινῶδες, nach Konr. Gesners Conjectur statt κιχωριῶδες der Handschriften) Blatt, und eine Wurzel an Gestalt und Farbe gleich der Nuß (καρύῳ, nach Bod. v. Stapel; die Handschriften haben καρύᾳ oder καρίαι, woraus Wimmer καρίδι macht), in derselben die tödtliche Kraft; Blatt und Frucht sollen dagegen ohne Wirkung sein. [Die Frucht aber ist die eines Krauts, nicht eines Strauchs. Das Kraut ist niedrig,

2) Dioscorid. IV. cap. 76 et 77.

3) Theophrast. hist. plantar. IX cap. 16 sect 4, 5.

hat nichts ungewöhnliches, sondern gleicht dem Korn, doch steht der Same nicht in Aehren. Es wächst überall, und nicht bloß bei Akonä, wovon es den Namen trägt. Dieser Ort aber ist ein Flecken der Mariandyner. Es liebt vorzüglich felsigen Boden. Weder Schafe noch anderes Vieh frißt davon.] Um zu wirken soll es einer gewissen Zubereitung bedürfen, die nicht Sache eines jeden ist, u. s. w." Das übrige betrifft die Wirkungen, die wie die vermeinten Wirkungen der Aqua tofana geschildert werden.

Wer diese Beschreibung aufmerksam liest, dem kann nicht entgehen, daß die von mir eingehakten Worte, deren Aechtheit noch niemand bezweifelte, nothwendig unächt sein müssen. Nirgends behauptet Theophrastos, daß Kräuter andere Früchte hätten als Sträuche; ein Kraut mit saubrod- (oder auch nach der gewöhnlichen Lesart cichorien-) artigen Blättern kann nicht zugleich einer Grasart gleichen; eine ausdrücklich nur an drei Orten angegebene Pflanze kann nicht eine überall vorkommende sein; endlich steht das alles am unrechten Ort. Denn vom Vorkommen war zu allererst gesprochen, dann folgte die Beschreibung, dann ging Theophrastos auf den Sitz der Wirksamkeit über; sehr natürlich folgt nun die Bereitung des Giftes und seine Wirkung. Diesen klaren Zusammenhang zerreißt das Einschiebsel und verräth auch dadurch sich selbst.

Konrad Gesners Conjectur zu vertheidigen, die Wimmer nicht einmal der Erwähnung werth hielt, scheint mir überflüssig; die Parallelstelle bei Dioskorides fordert sie. Ich bemerke nur, daß Fraas irrete, indem er sie für mehr als Conjectur hielt. Wimmers eigene Conjectur hat desto mehr gegen sich. Er sucht sie damit zu rechtfertigen, daß Dioskorides die Wurzeln seines zweiten Akoniton mit den Tentakeln eines Seekrebses vergleicht. Aber dieses zweite Akoniton kennt Theophrastos gar nicht; was den Tenkateln eines Thieres gleicht, gleicht deshalb noch nicht dem Thiere selbst, und wie soll man sich eine krebshafte Wurzel vorstellen? Wer will, betrachte nur eine Abbildung der Wurzel des Doronicum Pardalianches[4]), und er wird sich überzeugen, daß sie sich mit einer Nuß noch besser vergleichen läßt als mit dem Schwanz eines Skorpions, an den sie wohl nur im jüngeren Zustande durch ihre Ringelung erinnern mag. Daß Konrad Gesner große Dosen dieser Pflanze vertragen konnte, daß sie also nicht so giftig ist, wie Theophrastos sie beschreibt, stört mich nicht. Das Gift bedurfte ja der Zubereitung, das heißt fremder Zusätze.

Kap. 3. §. 10. p. 545. C., III. p. 20. St., II. p. 468. G. „In Amastriana wächst der meiste und der beste Buchsbaum, vorzüglich um Kytóron."

Aus Paphlagonien, wozu Amastriana gehörte, finde ich keine neuere Nachricht über den Buchsbaum,

---

[4]) z. B. in Hayne's Arzneigewächsen VI. Taf. 21.

Buxus sempervirens; aus der wenig weiter östlichen Gegend von Trebisond, dem alten Trapezus, berichtet Karl Koch [1]) über das häufige Vorkommen des Buchsbaums als Bestandtheil des Niederwaldes, und sein Emporsteigen bis zu 4500 Fuß Höhe. In den engeren Thälern soll er oft dichte wie mit der Scheere beschnittene Wände bilden. Daß er östlich sogar noch in Masenderan wächst, bemerkte ich aus Ritter zu pag. 508.

Kap. 3. §. 12. p. 546. C., III. p. 23. St., II. p. 470. G. „Im Gebiet von Sinópe wächst auch der Ahorn (σφένδαμνος) und die Bergnuß (ὀροκάρυον), woraus man Tischplatten schneidet."

„Aus diesem Niederwalde (von dem wir eben hörten, daß der Buchsbaum einen Theil desselben bildet), sagt Karl Koch a. a. O., ragen einzelne Bäume hervor; namentlich sind hier mehr gegen die tiefer gelegenen Thäler und gegen das Meerufer hin Erle, Rüster, Linde, Ahorn, Obstbäume, Kastanienbäume, und weiter oben Rothbuchen zu nennen." Da dies ein deutscher Botaniker schreibt, so kann unter Ahorn wohl nur Acer Pseudoplatanus verstanden werden, den derselbe Botaniker in Mingrelien, Imerethi und Kakhete häufig beobachtete [1]).

---

[1]) Koch, K., Beiträge zu einer Flora des Orients; in Schlechtendals Linnäa XXI. S. 314.

[1]) Koch, K., Catalogus plantarum, quas in itinere per Caucasum Georgiam Armeniamque collegit; in Schlechtendals Linnäa XV. S. 714.

Κάρυον ohne Zusatz ist die Walnuß, Juglans regia, die sich von Persien aus verbreitet haben soll. *Ὀροκάρυον* kommt außer dieser Stelle nicht weiter vor. Wahrscheinlich bezeichnet es daher nur die auf den Bergen wildwachsende Wallnuß im Gegensatz gegen den in Griechenland angepflanzten, vielleicht schon durch Cultur veredelten Baum. Das schließe ich aus der Anwendung zu Tischplatten, wozu man den mühsam gepflegten Baum gewiß nicht so gern wie den wilden opferte. Karl Koch [2]) sagt zwar in seiner botanischen Schilderung dieser Gegenden: „Wallnußbäume findet man von ungemeiner Stärke in der Nähe der Dörfer, selten in dem Niederwalde, wohl aber nur angepflanzt und nicht ursprünglich wild.“ Um jedoch über den letzten Punkt mit Sicherheit zu urtheilen, war sein Aufenthalt im Lande zu kurz.

Kap. 3. §. 15. p. 547. C., III. p. 25. St., II. p. 472. G. „Daher ist diese Ebene (Themiskyra) stets befeuchtet und grasreich, und Rinder- und Pferdeheerden zu ernähren geeignet. Sie gestattet oft wiederholte ja unausgesetzte (pag. 548. C.) Mohrhirsen- und Hirsensaat; denn Bewässerung ist besser als alle Trockenheit. Daher denn auch

---

2) Koch Beiträge zu einer Flora des Orients; in Schlechdendals Linnäa XXI. S. 317.

niemals Hungersnoth diese Menschen trifft. Die Bergseite aber liefert der von selbst und wild wachsenden Baumfrüchte, als Trauben, Birnen, Aepfel und Nußarten, so viele, daß zu jeder Jahrszeit die in den Wald Gehenden reichen Vorrath finden, indem die Früchte entweder noch an den Bäumen hängen, oder auf und unter dem abgefallenen Laube liegen, welches tief und zu Haufen aufgeschüttet ist."

Die genannte Ebene befindet sich an der Nordküste Kleinasiens am jetzigen Meerbusen von Samsun. W. J. Hamilton [1]) schildert sie noch jetzt zum Theil mit natürlichem Walde, zum Theil mit Obstbäumen bedeckt. „Wir waren, sagt er, so recht in die fruchtbaren Ebenen hineingekommen, welche von dem Thermodon, dem Iris und andern Flüssen bewässert werden. Die Straße führte eine Sandebene entlang, die zu Zeiten naß und sumpfig und mit Wäldern von Obstbäumen bedeckt war, die, wie zu Strabon's Zeit, in ihrer ganzen natürlichen Wildheit blüheten. Aepfel, Birnen, Pflaumen, Mispeln, Reben und Lambertsnüsse waren in großer Fülle vorhanden; darunter standen einzelne Sykomoren, Eschen, Eichen und Dornsträuche.

---

1) Reisen in Kleinasien Pontus und Armenien, von Hamilton. Deutsch von O. Schomburgh Leipzig, 1843. I. S. 262.

Ἔλυμος übersetzte ich durch Mohrhirse, *κέγχρος* durch Hirse. Das bedarf, da die Meinungen über beide so weit aus einander gehen, der Begründung, und wenn ich länger als billig dabei verweile, so ist es nicht meine, sondern meiner Vorgänger Schuld, welche die Sache so sehr verwickelten. Die ausführlichste Beschreibung beider Pflanzen hinterließ uns Plinius [2]), und nannte den *ἔλυμος* Panicum, den *κέγχρος* Milium; so viel steht fest. Auch davon hat man sich endlich überzeugt, daß *ἔλυμος* und *μελίνη*, die bei Theophrastos beide vorkommen, reine Synonyme und nur verschiedene Aussprachen desselben Wortes sind. Alles übrige schwankt. Ich gebe zuerst des Plinius Worte im Original, weil sie einer zwiefachen Berichtigung bedürfen, welche eine Vergleichung mit des Theophrastos Worten so leicht und sicher an die Hand giebt. „Omnium satorum fructus aut spicis continetur ut tritici hordei, muniturque vallo aristarum quadruplici; aut includitur siliquis ut leguminum, aut vasculis ut sesamae et papaveris; milium et panicum tantum, phoba divisa, et parvis avibus expositum est. Panicum a paniculis dictum, cacumine languide nutante, paulatim extenuato culmo paene in surculum, praedensis acervatur granis cum longissima pedali phoba. Milii comae granum complexae fimbriato capillo curvantur." — „Die Frucht aller Getreide ist

2) Plin. hist. nat. XVIII. cap. 7. sect. 10.

entweder in Aehren enthalten wie die des Weizens der Gerste, und wird durch einen vierfachen Wall von Grannen beschützt; oder sie wird von Schoten umschlossen, wie die der Hülsenfrüchte, oder von Gefäßen, wie die des Sesams und des Mohns; nur **Milium** und **Panicum**, mit getheiltem Schopf, ist auch kleinen Vögeln ausgesetzt. Panicum, von paniculis (Rispen) benannt, mit schlaff nickender Spitze, almälig verdünntem Halm fast wie eine Ruthe, ist dicht aus Körnern zusammengeballt mit sehr langem fußhohem Schopf. Die Zweiglein des Milium, welche das Korn umschließen, krümmen sich mit fein getheilten Haaren (Stielchen)." — So wird jedermann diese Stelle klar und bündig finden. Weil aber das griechische Wort φόβη, welches Plinius hernahm aus der entsprechenden Stelle des Theophrastos[3]), die er benutzte und nur etwas erweiterte, den Abschreibern fremd war, so entstanden an beiden Stellen, wo es vorkommt, mannigfache theils ganz sinnlose, theils widersinnige Lesarten, die, wer Lust hat, bei Sillig oder Harduin nachlesen mag. Unverkennbar sind auch die beiden Pflanzen bezeichnet, um die es sich handelt, und bis auf Link von niemandem verkannt: **Milium**, mit der lockern in haarfeine Stielchen getheilten Rispe, ist unser **Panicum miliacum**, die gemeine Hirse; **Panicum**, mit der geballten langen nickenden Rispe, ist unser

[3]) Theophrast. hist. plantar. VIII. cap. 4. sect. 4.

Panicum Italicum, im älteren Deutsch Panicorn, woraus nach und nach Fennich ward. Eben so nennen die Italiäner noch jetzt das Milium Miglio, das Panicum Panico, und solche sprachliche Ueberlieferungen haben bei gewöhnlichen allbekannten Culturpflanzen eine starke Beweiskraft.

Gleichwohl meinte Link[4]) in einer Abhandlung „über die ältere Geschichte der Getreidearten" beide Pflanzen umdeuten zu müssen; den κέγχρος des Theophrastos oder das Milium des Plinius erklärte er für Panicum Italicum, und den ἔλυμος jenes oder das Panicum dieses für Panicum miliaceum. Um das möglich zu machen, strich er im Text des Theophrastos, was ihm im Wege stand, und verwandelte bei Dioskorides ein negatives in ein positives Wort. Als er später in einer zweiten Abhandlung über denselben Gegenstand[5]) seine frühere Arbeit einer Selbstkritik unterzog, verwarf er zwar mit anerkennungswerther Offenheit jene gewaltsamen Mittel, womit man aus den Alten machen kann, was einem einfällt, erklärte nun aber ἔλυμος und κέγχρος, Panicum und Milium, für bloße Varietäten derselben Pflanze, und zwar unseres Panicum miliaceum.

---

[4]) Link, in den Abhandlungen der Akademie der Wissenschaften in Berlin, aus den Jahren 1816—1817, S. 138.

[5]) Link a. a. O. Abhandlungen aus dem Jahr 1826, S. 78. ff.

Dagegen erhob sich Fraas[6]), ließ zwar dem κέγχρος oder Milium seine gewöhnliche Bedeutung, erklärte aber den ἔλυμος oder das Panicum für Sorghum vulgare, wovon man das nahe verwandte S. cernuum nicht unterschieden habe. Das Hauptmotiv zu diesen mannichfachen Deutungen war eine Stelle bei Theophrastos[7]), worin er vom Reis sagt, er bilde keine Aehre, sondern einen Schopf (φόβη) wie der ἔλυμος und κέγχρος. Da nun der Reis nach unserer Kunstsprache eine panicula effusa, das Panicum Italicum eine panicula spicata hat, so meinte man der Ausdruck φόβη, eigentlich die Mähne, dann der Haarschopf und davon auf gewisse Blüthen übertragen, passe nicht auf das Panicum Italicum. Man übersah, daß seine Blüthe, wiewohl gedrängt, doch immer eine viel verzweigte Rispe bleibt, und daß schon Plinius von dieser phoba sagt: praedensis acervatur granis. Damit, meine ich, ist dieses Bedenken vollständig gehoben.

Die Mohrhirse, unser Sorghum vulgare nebst andern verwandten und vielleicht nicht einmal wirklich specifisch verschiedenen Arten, beschreibt Plinius[8]) eben so unverkennbar wie jene beiden Hirsengattungen. „Vor etwa zehn Jahren, sagt er, ist ein (anderes) Milium aus Indien in Italien eingeführt, schwarz

---

6) Fraas, synops flor. classic. S. 312. f.

7) Theophrast. hist. plantar. IV. cap. 4. sect 10.

8) Plin. hist nat. l c.

von Farbe, groß von Korn, schilfartig von Halm. Es erhebt sich bis zur Höhe von sieben Fuß, mit sehr großen Schöpfen (comis), — man nennt sie phobas, — das fruchtbarste aller Getreide." — Auch in dieser Stelle mußte ich etwas corrigiren. Bei Sillig steht culmis statt comis (eine Tautologie, denn daß ein sieben Fuß hohes Gras einen sehr hohen Stengel habe, versteht sich von selbst), und lobas statt phobas, obgleich letzteres an dieser Stelle schon von Harduin aufgenommen war. Bei früheren Schriftstellern, Griechen wie Römern, kommt diese Pflanze, das indische Milium, nicht vor, unmöglich kann also, wie Fraas meint, der diese Stelle ignorirt, das gewöhnliche Panicum der Römer, der gewöhnliche ἔλυμος der Griechen, den man von uralten Zeiten her cultivirte, unser Sorghum sein, sondern die drei Pflanzen stellen sich entschieden so:

Ἔλυμος Theophr., Milium Plin. = Panicum miliaceum,

Κέγχρος Theophr., Panicum Plin. = Panicum Italicum,

Milium ex India Plin. = Sorghi species variae.

Gleichwohl wagte ich in der vorliegenden Stelle Strabon's ἔλυμος durch Mohrhirse zu übersetzen. Denn daraus, daß diese Getreideart erst zu Plinius Zeit nach Italien kam, folgt keineswegs, daß sie nicht lange zuvor im Pontos angebauet sein konnte. Schwerlich erhielten die Römer den Samen unmittelbar und vor andern Nationen aus Indien, sondern er wanderte gleich vielen andern Culturpflanzen allmälich, so weit es das Klima zuließ, nach Westen, und erreichte Italien zu der angegebenen Zeit. Pontos aber stand mit dem innern Asien weit früher in Handelsverbindungen als Rom. Aus Babylonien scheint schon Herodotos[9]) eine freilich etwas unbestimmte Nachricht von der Mohrhirse zu geben, indem er die Blätter des Weizens und der Gerste daselbst vier Finger breit nennt; und was noch mehr, schon etwa anderthalb Jahrhunderte vor ihm kennt der jüdische in babylonischer Gefangenschaft lebende Prophet Ezechiel (Hesekiel in Luthers Bibel)[10]) Dochan: das ist in wenig veränderter Aussprache das Dochna der Araber, unser **Sorghum saccharatum**, was Forskal **Holcus Dochna** nannte. Die siebenzig Dolmetscher übersetzten *κέγχρος*, fanden also dieselbe Aehnlichkeit, die Plinius die Pflanze indisches Milium zu nennen veranlaßte. Ist diese Uebersetzung auch nicht dieselbe, von der uns jüdische Schriftsteller erzählen, Ptolemäos Philadelphos hätte sie veranstaltet, so gehört sie doch vermuthlich zu den älteren, und bezeugt die Bekanntschaft der Verfasser mit einer Mohrhirse. Endlich gehört hierher noch folgende Stelle des Plinius[11]), wodurch er selbst, ohne es zu wissen

---

9) Herodot. I. cap. 193.

10) Ezechiel cap. 4. vers 9.

11) Plin his. nat. XVIII. cap. 10. sect. 25.

die Mohrhirsencultur im Pontos als eine lang hergebrachte zu bestätigen scheint. Panicum, erzählt er, werde vornehmlich in Aquitanien, doch auch in Italien um Padua, allein mit einem Zusatz von Bohnen, genossen, ohne den es nicht brauchbar sei. Die pontischen Völker aber zögen das Panicum allen andern Speisen vor. Das war schwerlich jenes Panicum, das sich ohne Bohnenzusatz nicht einmal genießen ließ, sondern seine Unkunde verleitete ihn, dieselbe Pflanze, die er als ein neues Getreide in Italien indisches Milium nannte, dort unter Panicum aufzuführen. Denn unter den dreierlei Pflanzen, um die sich unsere Untersuchung dreht, ist die Mohrhirse die einzige, die sich zur Hauptnahrung ganzer Völker eignet.

Zum Schluß darf ich nicht unbemerkt lassen, daß Groskurd in unserer Stelle ἔλυμος durch Buchweizen übersetzt. Nach Beckmanns[12]) Untersuchungen wird derselbe von den Schriftstellern des sechzehnten Jahrhunderts einstimmig als eine erst vor kurzem bekannt gewordene Getreideart beschrieben. Darüber also kein Wort weiter.

Kap. 3. §. 18. p. 549. C., III. p. 27. St., II. p. 474. G. „Die Heptakometen erschlugen einst drei das Gebirge durchziehende Heerscharen des Pom-

---

12) Beckmann, Beiträge zur Geschichte der Erfindungen, II. (1784) S. 533. ff.

pejus, indem sie an den Wegen Schalen mit betäubendem Honig aufstellten, welchen die Zweigspitzen der Bäume liefern."

Daß im Pontos, wo die Heptakometen wohnten, der Honig betäube, erzählen auch Xenophon, Dioskorides, Plinius und sogar Aristoteles bei Stephanos Byzantios (unter Τραπεζοῦς); und Tournefort und viele neuere Reisende bestätigen es. Hamilton [1]) sagt darüber: „Der Honig von Trebisond besitzt noch die betäubende Kraft, welche Xenophon und Strabon demselben zugeschrieben .... Ich habe selbst gefunden, daß aller hiesige Honig einen sehr bittern Geschmack hat, wiewohl hauptsächlich der wilde Honig solche schädliche Eigenschaften besitzet. Sie sollen daher kommen, daß die Bienen an der Blüthe der Azalea Pontica saugen, welche in großer Menge an den Hügeln über der Stadt wächst. Plinius meint, der Honig würde aus den Blüthen des Rhododendron (Ponticum) gezogen, das ebenfalls sehr häufig auf den Höhen wächst; doch darin mag er sich getäuscht haben, da die Blüthe des Rhododendron keinen Geruch hat, wogegen die Azalea sehr stark und lieblich duftet. Eichwald [2])

---

1) Hamilton, Reisen in Klein Asien, Pontus und Armenien. Deutsch von Schomburgh, I. S. 154. — Im Anfange zu Thl. II. S. 367. ff. befinden sich auch Auszüge aus vorgenannten Schriftstellern über den Gegenstand.

2) Eichwald, Reise auf dem Caspischen Meer und in den Kaukasus. Band I. Abtheil. II. S. 227. und 286.

berichtet dasselbe aus Gurien, dem alten Kolchis; dort aber schreibt man die berauschende Eigenschaft des Honigs dem Rhododendron ferrugineum und Rh. Caucasicum zu. Die Sache bedarf also noch genauerer Untersuchung.

Kap. 7. §. 3. p. 570. C., III. p. 62. St., II. p. 519. G. „Um Selge wächst sehr viel Styrax, ein nicht hoher grader Baum, aus welchem man auch die den Kornelspeeren gleichen Styraxspeere macht. In den Stämmen aber erzeugt sich eine Art holzfressender Würmer, welche, indem sie das Holz bis zur Oberfläche zerfressen, zuerst ein den Kleien oder Sägespähnen ähnliches Holzmehl auswerfen, so daß sich an der Wurzel ein Hügel anhäuft. Nachher fließt ein Saft herab, der bald eine dem Gummi ähnliche Gerinnung erleidet. Was davon auf das Holzmehl an der Wurzel hinabfließ, mischt sich mit diesem und mit Erde, bis auf das, was, sich an der Oberfläche ansetzend, rein bleibt. Was aber an der Außenseite des Stammes beim Hinabfließen gerinnt, bleibt gleichfalls rein. Aus dem unreinen macht man eine mit Holzspähnen und Erde vermischte Masse, wohlriechender als der reine, obgleich an sonstiger Kraft ihm nachstehend, — das wissen Viele nicht, — das gewöhnliche Räucherwerk, dessen sich die Frommen bedienen. Gerühmt wird auch die selgische Iris und die daraus bereitete Salbe."

Das ist die älteste und vollständigste Nachricht über den Storaxbaum, Styrax officinalis, und sein Product, die wir besitzen. Theophrastos erwähnt des Baums nur im Vorbeigehen. Selge lag auf einer von den Gipfeln des Tauros umschlossenen fruchtbaren Hochebene, von Klein Asiens Südküste nur durch das schmale Pamphylien getrennt.

Die selgische Iris kann Iris Florentina sein, wiewohl dieselbe schon im Innern von Griechenland weit seltener vorkommt als in Illyrien und Italien. Die Flora Klein Asiens ist ja bis auf eine kurze Strecke der Nordküste außer Tournefort kaum von einem Botaniker berührt.

Kap. 8. §. 3. p. 572. C., III. p. 64. St., II. p. 523. G. „Als einen alten Beweis dafür (daß die Mysier thrakischer Abkunft seien) führt man an, was Xanthos der Lydier und Menekrates der Elaite melden, indem sie zugleich den Namen der Mysier ableiten: daß die Lydier die

Buche Mysos nennen. Häufig aber ist die Buche am Olympos."

Auch Tournefort[1]), der den mysischen Olympos von der Nordseite, von Prusa aus, erstieg, fand Fagus sylvativa häufig auf seiner Höhe; was nichts Auffallendes hat, da der Berg bis nahe an die Schneegrenze reicht (in einzelnen Felsklüften erhält sich wirklich der Schnee das ganze Jahr über) und die Buche noch östlicher, im pontischen Gebirge nach Koch[2]), so wie auch jenseits des Marmormeers in Rumelien, Makedonien, Thessalien zwischen 1200 und 4600 Fuß Höhe nach Griesebach[3]) noch beträchtliche Waldungen bildet. Ich führe das nur an, weil die Darstellung der merkwürdigen Verbreitung der Buche von Schouw[4]) hiernach einer kleinen Erweiterung bedarf.

Kap. 8. §. 15. p. 578. C., III. p. 74. St., II. p. 532. G. „Ueber Kelänä (in Phrygien) ist ein Sumpf, welcher das zu Mundblättern der Flöten braubare Rohr hervorbringt."

Ist Saccharum Ravennae, wie bei pag. 407. nachzusehen.

---

[1]) Tournefort, relation d'un voyage du Levant. Paris, 1717, II pag. 472.

[2]) Koch in Schlechtendal's Linnäa XXI. S. 315 u. 317.

[3]) Grisebach, spicileg. flor. Rumel. etc. II. pag. 240.

[4]) Schouw, Handbuch der Pflanzengeographie, S. 192. ff., und Atlas dazu Tafel I.

Aus Buch XIII.

Kap. 1. §. 44. p. 603. C., III. p. 175. St., II. p. 579. G. „Der Heptáporos .... wird sieben mal überschritten, wenn man aus der Gegend um die schöne Fichte gegen den Flecken Kelänä und das Asklepieion geht, ein Bauwerk des Lysimachos. Von der schönen Fichte schreibt Attalos I. König von Pergamon also: Ihr Umfang beträgt vier und zwanzig Fuß; die Höhe des Stammes steigt von der Wurzel bis auf sieben und sechzig Fuß; dann theilt sie sich in drei gleich weit von einander stehende Aeste, die sich wieder zu Einem Gipfel vereinigen. Die ganze Höhe beträgt zwei Plethra und funfzehn Ellen (230 Fuß)."

Diese Beschreibung paßt unter allen Nadelhölzern, die man in Klein Asien kennt oder vermuthen darf, unstreitig am besten auf die Zeder, Pinus Cedrus. Nur sie erreicht nicht selten einen solchen Umfang und theilt sich auf solche Weise in mehrere Aeste. Außer dem Libanon und außer Afrika, wo wir sie später pag. 826. finden werden, wächst sie auch auf dem Tauros, der sich tief in Klein Asien hinein verzweigt. Warum könnte sich nicht ein einzelner Baum der Art nach dem nicht so fernen Troas verirrt haben? Da man ihn eine Fichte nannte, so hielt man ihn vermuthlich, unbekannt mit der wahren Art, der er angehörte, für ein besonders schönes Exemplar der Pinus Laricio, die dort einheimisch ist. Läßt man diese Vermuthung nicht gelten, so kann man ihn nur für ein beinahe wunderbares Exemplar von Pinus Laricio selbst halten, was mir wenigstens nicht wahrscheinlicher vorkommt.

Kap. 4. §. 14. p. 630. C., III. p. 158 St., II. p. 631. G. „Zum Färben der Wolle ist das Wasser zu Hierapolis (in Lydien) zur Bewunderung geschickt, so daß die mit Krapwurzeln gefärbte Wolle der mit Kermes und Purpur gefärbten gleich kommt.“

Hierzu bemerkt Groskurd: „Im Texte bloß ἐκ τῶν ῥιζῶν, aus den Wurzeln, welches der Deutsche nicht verstehen würde; die Griechen aber verstanden es, weil ihnen, wie Koraïs anmerkt, die Wurzel des Kraps oder der Färberröthe, welche hier gemeint ist, und eigentlich ἐρυθρόδανον hieß (Rubia der Römer, Rubia tinctorum Linn.), wegen des starken Gebrauchs in der Färberei vorzugsweise nur die Wurzel hieß, und noch den heutigen Griechen nur ῥιζάριον (nach Fraas ῥιζάρι, unde alisari Turc.) heißt. Der Krap wurde nach Dioskorides III. 160 in Karien und der Nachbarschaft stark gebaut. Die Hierapoliten also färbten eben so in Scharlach und Purpur, wie die Kolossäer Buch XII. Kap. 8. §. 16., welche sich ohne Zweifel gleichfalls des Kraps bedienten."

Kap. 4. §. 15. p. 630. C., III. p. 159. St., II. p. 632. G. „Antiochia ist eine mäßige Stadt hart am Mäandros auf der Seite nach Phrygien zu.... Sie besitzt zu beiden Seiten des Flusses ausgedehntes und überall gesegnetes Gebiet, und trägt die meiste sogenannte antiochische Ischas, von Andern Triphyllon genannt."

Mir eine räthselhafte Stelle. Die gewöhnliche Bedeutung von ἰσχὰς ist getrocknete Feige. Bei Theophrastos und Dioskorides ist es der Name einer sonst Apios, ἄπιος genannten Pflanze, von der man meinte, ihr Kraut reinige nach oben, ihre Wurzel nach unten; sie wird für Euphorbia Apios gehalten. Weder zu jener Frucht, noch zu dieser Arzneipflanze paßt der zweite ihr hier beigelegte Name Dreiblatt, τρίφυλλον. Korais verweist bei dieser Stelle in den Anmerkungen zu seiner griechischen Ausgabe auf seine Anmerkungen zur französischen Uebersetzung, die mir leider fehlt. Aber Groskurd, der sie benutzte, übersetzt ohne Umstände: „liefert die meisten sogenannten antiochischen Feigen, welche auch Triphylla, d. i. die dreiblättrigen heißen." So scheint also auch Koraïs die Stelle zu deuten. Sprengel[1]) dagegen zieht Strabons Pflanze ohne weitere Erklärung zu Euphorbia Apios. Allein „davon, sagt Schneider[2]), hätten Strabons letzte Worte (er meint den Namen Triphyllon) den gelehrten Mann zurückschrecken sollen.“ Es sei; wäre nur eine getrocknete Feige mit drei Blättern der Kritik minder schreckhaft. Es bleibt nichts übrig, als entweder Triphyllon auf den Baum zu beziehen, der die Feigen trug, und vielleicht öfter als sonst gewöhnlich tief dreilappige Blätter zeigte; oder das Wort Triphyllon für verdorben zu halten. Vergebens durchsuchte ich jedoch die beiden langen Abhandlungen über die Feige bei Athenäos[3]), zahllose Namen bieten sie dar für trockene und frische Feigen, doch keinen, der so an Triphyllon anklingt, daß man ihn dafür substituiren könnte.

Aus Buch XIV.

Kap. 1. §. 35. p. 645. C., III. p. 182. St., III. p. 26. G. „Der Tempel des Apollon mit einem Palmenhain (auf der Insel Chios.)“

Gewiß einer der nördlichsten Standorte der Phoenix dactylifera, da schon die Südspitze der Insel Scio über zehn Minuten, die Stadt Scio,

---

1) Sprengel Geschichte der Botanik II. S. 72.

2) Schneider, Index Theophr. voce *Τιθύμαλλος ἰσχάς*

3) Athen. III. p. 74. sqq. und XIV. p. 652. sqq.

ziemlich genau in der Mitte der Insel, über einen halben Grad nördlicher liegt als Athen. Homeros[1]) nennt die Palme nur Einmal, und zwar nur Einen Stamm derselben, auf der weit südlicheren Insel Delos, wo auch der homerische Hymnos auf den Delier Apollon[2]) einer einzelnen Palme gedenkt; zum sichern Beweise ihrer damals noch beschränkteren Verbreitung auf den Inseln des Archipelagos und der umliegenden Küsten Griechenlands und Klein Asiens. Nach Fraas[3]) kommt sie jetzt in ganz Griechenland, besonders auf den Inseln, zwar häufig vor, trägt jedoch nur bei Kalamata im südlichsten Morea, und selbst dort nur schlechte Frucht.

Kap. 4. §. 5. p. 670. C., III. p. 224. St., III. p. 79. G. „Zwanzig Stadien über dem Vorgebirge Kórykos liegt die korykische Grotte, worin der beste Krokos wächst Es ist ein großes (pag 671.) kreisförmiges Gesenk, umgeben mit einem ringsum ziemlich hohen Felsrande. Steigt man hinab, so ist der Boden uneben und größtentheils steinig, bewachsen mit immergrünem und zahmem Gesträuch, zwischen dem die Krokosfelder liegen.“

1) Homer. Odyss. VI vers 163.

2) Homer hymn. in Apoll. Del. vers 117.

3) Fraas, synops. flor. class S. 275.

Eben so erklärt Dioskorides[1]) den korykischen Krokos für den besten, läßt auf ihn den lykischen, auf diesen den äolischen folgen, und findet den kyrenäischen und sicilianischen schwächer. Theophrastos[2]) lobt den Duft des kyrenäischen, was freilich den Angaben des Dioskorides widerspricht. Ein Irthum war es aber, wenn Sprengel[3]) einen gleichen Widerspruch mit Dioskorides bei Strabon zu finden meinte, weil dieser an einer andern Stelle[4]) den sicilischen Krokos rühme. Nur dem italiänischen zieht er denselben vor. Bekanntlich Crocus sativus.

Aus Buch XV.

Kap. 1. §. 13. p. 690. C., III. p. 256. St., III. p. 116. G. „Zufolge der Ausdünstung so großer Ströme und zufolge der Etesien wird Indien, wie Eratosthenos sagt, durch Sommerregen durchnäßt, und die Felder in Sumpf verwandelt. Während dieser Regen säet man Lein und Hirse, nach diesen Sesamon, Reis und Bósmoron, zur Winterzeit aber Weizen, Gerste, Hülsenfrüchte und andere eßbare bei uns ungebräuchliche Früchte."

---

1) Dioscorid. I cap. 25.
2) Theophrost hist. plant. VI cap. 6. sect. 5.
3) Sprengel, im Commentar zu vorstehender Stelle.
4) Strabo, VI. cap. 2. §. 7. pag. 273. C., II. p 35. St. I p. 479. G.

Kap. 1. §. 18. p. 692. C., III. p. 260. St., III. p. 120. G. „Der Reis, sagt Aristobulos, stehe in eingedämmtem Wasser; es wären Beete, die ihn enthielten. Die Höhe der Pflanze betrage vier Ellen, sie sei vielährig und vielfrüchtig, sie werde geerndtet beim Untergang der Plejade, und geschroten wie Spelt. Sie wachse auch in Baktriana, Babylonien und Susis, auch das untere Syrien erzeuge sie. Megillos hingegen sagt, der Reis werde vor der Regenzeit gesäet, bedürfe aber der Begießung und Verpflanzung, wenn er nicht durch eingedämmtes Wasser getränkt werde. Vom Bósmoron sagt Onesikritos, es sei ein Korn, kleiner als Weizen. Es wachse in den Gegenden zwischen den Flüssen, werde geröstet, sobald es gedroschen sei, nachdem sie beschworen, nichts ungeröstet von der Tenne zu nehmen, damit die Saat nicht ausgeführt werde.“

Was das in vorstehenden beiden Stellen genannte Bósmoron sei, ist schwer zu errathen, da der Name sonst nirgends vorkommt. Link[1]) hält es für ein

[1]) Link in den Abhandl. der Berliner Akademie d. W. aus den Jahren 1816—1817 S. 138.

Sorghum, ohne einen Grund dafür anzugeben. Ich glaube nicht, daß Onesikritos mit einem so fremden Namen eine Pflanze bezeichnete, die, wie wir bei pag. 547. sahen, zu Herodotos Zeit schon bis Babylon und vermuthlich weiter verbreitet war, und die dem gewöhnlichen Kenchros der Griechen, Milium der Römer so ähnlich war, daß sie von Späteren mit unter diesen Namen begriffen wurde. Viel wahrscheinlicher ist es eine der Getreidearten, die nicht über Indien hinausgehen und von denen Lassen[2]) ein langes Verzeichniß gab. Die wichtigste darunter für Indien ist Eleusine Coracana, bengalisch nach Ainslie[3]) Mooroowa. Orientalisten könnten in diesem Namen und Bosmoron vielleicht eine Beziehung finden.

Was in der zweiten Stelle über die Reis-Cultur gesagt wird, ist wegen verschiedener Lesarten nicht ganz sicher, und wird von jedem Ausleger etwas anders aufgefaßt. Traf ich in meiner Uebersetzung den Sinn der Stelle, so wurden die jetzigen Hauptarten der Reis-Cultur schon damals angewandt, Aussaat und Ueberschwemmung oder Auspflanzung und leichtere Bewässerung. Groskurd hielt das Umpflanzen, was doch jährlich geschieht, wo man nicht überschwemmen kann, für ganz unmöglich.

---

2) Lassen, indische Alterthumskunde I. Bonn 1847. S. 247. und Anmerk. 3. bis zur folgenden Seite, wo auch Bosmoron vorkommt.

3) Ainslie, materia Indica I London 1826 pag. 215.

Kap. 1. §. 20. p. 693. C., **III**. p. 262. St., **III**. p. 122. G. „Auch viele Baumfrüchte wüchsen (in Indien, sagt Eratosthenes) und viele Wurzeln von Pflanzen, zumal von großem Rohr, süß von Natur und durch Kochung, indem das Wasser, sowohl das vom Himmel fallende wie auch das fließende durch die Sonnenstrahlen erwärmt würde. Er will damit sagen, daß, was anderswo die Gare der Früchte und Säfte heißt, bei jenen (den Indern) eine Kochung ist, und eben so zum Wohlgeschmack beiträgt, wie die Kochung durch Feuer. Daher, sagt er auch, wären die Zweige der Bäume so biegsam, daß man Räder daraus mache; aus derselben Ursache entsprieße auf einigen sogar Wolle. Aus dieser werden, wie Nearchos sagt, die feinen Musseline gewebt. Die Makedonier aber bedienten sich ihrer zum Polstern und zu Satteldecken. Der Art wären auch die serischen Zeuge, indem von gewissen Rinden Byssos gekämmt würde. (pag. 694. C.) Er sagt auch von dem Rohr, daß es Honig erzeuge ohne Bienen. Auch gäbe es einen Fruchtbaum, dessen

Frucht berausche. (§. 21.) Freilich ernährt Indien viele sonderbare Bäume, darunter einen, der niedergesenkte Zweige hat und Blätter so groß wie Schilder. Onesikritos, der die Merkwürdigkeiten in des Musikanos Lande, wie er sagt, dem südlichsten Indiens, genauer durchgeht, erzählt von gewissen großen Bäumen, deren Zweige sich zwölf Ellen lang ausstreckten, alsdann abwärts wüchsen, bis sie die Erde berührten, als ob sie niedergebogen wären. Darauf sich an der Erde verbreitend, schlügen sie Wurzel gleich Senklingen; dann sich aufrichtend, machten sie Stämme, worauf sie abermals im Wachsthum sich niederbeugend, aufs neue Senklinge machten, und wieder andere, und so fort, so daß aus Einem Baum ein großes einem vielsäuligen Zelt gleiches Laubdach entstände. Auch die Stärke der Bäume bestimmt er so, daß fünf Männer den Stamm kaum umfaßten. Am Akesines bei seinem Zusammenfluß mit dem Hyarotis spricht auch Aristobulos von Bäumen mit niedergebogenen Zweigen von solcher Größe, daß unter einem Baum funfzig Reiter im Schatten ausruhen könnten; Onesikritos sagt vier hundert. Aristobulos nennt auch einen andern nicht großen Baum, der große Hülsen trägt wie die Bohne, zehn Zoll lang, mit Honig gefüllt. Wer aber davon genösse, wäre schwer zu retten. Alle übertrifft aber hinsichtlich großer Bäume die Erzählung derer, die jenseits des Hyarotis einen Baum sahen, dessen Schatten am Mitrage fünf Stadien maß. Von den wolletragenden Bäumen sagt derselbe, ihre Blume enthielte einen Kern; dieser würde herausgenommen, und das übrige gleich Wolle gekämmt (§. 22.). In des Musikanos Lande nennt er auch eine wildwachsende Kornart, ähnlich dem Weizen, auch den Weinstock, so daß auch Indien, welches Andere weinlos nennen, Wein erzeuge . . . . Auch reich an Pflanzensäften und Wurzeln, heilsamen und schädlichen, so wie an Farbestoffen nennen es er und Andere. (pag. 695. C.) Auch Zimmet Narde und die übrigen Gewürze hätte das südliche Indien gleich wie Arabien und Aethiopien, denen es gleich wäre an Sonnenwärme, verschieden aber durch Ueberfluß an Wasser u. s. w."

Unverkennbar ist in dem großen und biegsamen Rohr dieser Beschreibung unsere Bambusa arundinacea nebst andern baumartigen Gräsern; in dem süßen Rohr, wie schon Humboldt bemerkte[1]), unser Saccharum officinarum. Daß der stärkere Zuckergehalt dieses Grases der größern Sonnenwärme zugeschrieben wird, entspricht ganz der aristotelischen Pflanzenphysiologie; daß aber die Wurzeln, nicht die Halme, die Süßigkeit enthalten sollen, deutet doch, wie gleichfalls Humboldt hervorhob, auf eine Vermischung dessen, was man vom Saccharum, mit dem, was man von der Bambusa erfahren hatte, also auf sehr mangelhafte Kenntniß des Zuckers.

Unter den Baumwollenpflanzen haben wir zunächst **Bombax Malabaricum** und **Eriodendron anfractuosum** zu verstehen. Denn sie werden als Bäume beschrieben, und ihre Wolle diente vorzugsweise zum Polstern. Dazu dient nach Rumpfius[2]) die Wolle der genannten Bäume, die für sich allein zum Spinnen zu kurz, doch sehr elastisch ist, noch jetzt. Da aber auch von Baumwollzeugen die Rede ist, so dürfen wir Gossypium nicht ausschließen, dem es

---

[1]) Humboldt, A. de, de distributione plantarum geographica, pag 213.

[2]) Rumpf, herbar. Amboin. I. pag. 194.

auch nicht an hochstengligen, wenn gleich nicht wahrhaft baumartigen Arten fehlt, wie z. B. Gossypium arboreum, das Sprengel sogar für den schon bei Theophrastos[3]) vorkommenden Baumwollenbaum des persischen Meerbusens hält, während er an einer andern Stelle[4]), wo ihre Cultur in Indien beschrieben wird, dieselbe Pflanze für Broussonetia papyrifera erklärt!

Schwieriger zu deuten ist die Pflanze, aus deren Rinde Byssos gekämmt wird. Denn genau genommen setzt der Ausdruck Rinde einen Baum voraus, die gewöhnlichen Pflanzen aber, die man jetzt in Indien wegen der Fasern ihres Stengels anbaut, sind nicht einmal sehr hohe Stauden oder Kräuter; es sind unser Lein, unser Hanf und die gleichfalls einjährigen Crotalaria juncea und Urtica tenacissima, deren Fasern jedoch nur zu Fischernetzen und andern gröbern Geweben verbraucht werden. Unter serischen Zeugen dagegen verstanden die Alten gerade die feinsten seidenen oder seidenartigen Gewebe. Ist es vielleicht Calotropis gigantea, von der Strabon spricht? Das ist nach Roxburgh[5]) ein ansehnlicher und weit verbreiteter Strauch, aus dessen Rinde man einen seidenartigen Flachs bereitet.

---

3) Theophrast. hist. plant. IV. cap 7. §. 7.

4) Ibidem cap. 4. § 8.

5) Roxburgh, flora Indica (edit. secunda) 1832, vol. II. pag. 31.

Einen indischen Baum, dessen Frucht ein berauschendes Getränk liefere, kenne ich nicht. Es kann der beliebte Palmwein von Elate sylvestris und andern Palmen gemeint sein.

Unverkennbar ist wieder die Beschreibung der Ficus Indica. Derselbe Baum ist es unstreitig, dessen Schatten Mittags fünf Stadien (über 1500 Fuß) messen soll, da kein anderer indischer Baum mit diesem an Breite der Krone sich messen kann. Nur die schildgroßen Blätter, deren auch Theophrastos[6]) gedenkt, passen nicht und lassen sich nicht wegkünsteln[7]). Sollten nicht beide aus einer gemeinschaftlichen Quelle geschöpft haben, worin die Beschreibung zweier Pflanzen schon vermengt war? Dann ließe sich, was von den Blättern gesagt wird, auf den Pisang, Musa paradisiaca, beziehen, die bei Strabon sonst nicht weiter vorkommt, und Alexandros Begleitern doch nicht leicht entgehen konnte.

Die im Lande des Musikanos wildwachsende dem Weizen ähnliche Kornart für die wilde Mutterpflanze unsres Weizens zu halten, sehe ich keinen Grund. Es muß eine Grasart sein, die entweder wie bei uns Glyceria fluitans geerndtet ward, ohne gesäet zu werden; oder die durch eine dem Weizen ähnliche

---

6) Theophrast. hist. plant. IV. cap. 4 §. 4.

7) Sprengel in seinem Commentar zu dieser Stelle des Theophrastos

Tracht die Griechen täuschte, wie einst der Elymus in Grönland die Normannen.

Den Baum mit honigreichen Hülsen, den auch Theophrastos[8]) anführt, hält Sprengel für Cassia Fistula. Es kann auch Tamarindus Indica sein, was die Vergleichung mit der Bohnenfrucht noch wahrscheinlicher macht.

Als Mutterpflanze der ächten indischen Narde kennen wir jetzt die Nardostachys Jatamansi[9]) Eine andere Narde werden wir später pag. 721 und 782. antreffen.

Alle Arten der Gattung Cinnamomum, welche unsere bessern Zimmetsorten liefern, wachsen auf der Insel Zeilon, den Molukken, in Hinterindien und China, also in Ländern, welche Alexandros nicht erreichte; und später zu pag. 782. werden wir finden, daß all jene bessern Zimmetsorten unsrer Zeit den Griechen vermuthlich ganz unbekannt geblieben Von dem hier erwähnten Zimmet läßt sich demnach nur sagen, daß er wahrscheinlich auch das Product einer Art der Gattung Cinnamomum war.

Kap. 1. §. 25. p. 696. C., III. p. 266. St., III. p. 127. G. „Alexandros, welcher im Hy-

---

8) Theophrasti hist. plantar. IV. cap. 4. sect. 5.

9) Eine Copie der Roxburghschen Abbildung in Jones works V. pag. 47. lieferte Hayne, Arzneigewächse IX. Taf. 25.

daspes Krokodile und im Akesines ägyptische Bohnen sah, glaubte gar die Quellen des Nil gefunden zu haben."

Jetzt kennen wir Indien als das wahre Vaterland des Nelumbium speciosum, welches die Alten, die es bis auf Alexandros nur aus Aegypten kannten, die ägyptische Bohne nannten. Mehr über diese merkwürdige Pflanze zu pag. 799.

Kap. 1. §. 29. p. 698. C., III. p. 269. St., III. p. 131. G. „Zwischen dem Hydaspes und Akesines folgt das Land des Poros, groß und trefflich, ... und an den emodischen Bergen der Wald, in welchem Alexandros viele Tannen, Fichten, Zedern und mancherlei andere Hölzer zum Schiffsbau schlug."

Unter den hier nur obenhin berührten Bäumen läßt sich wenigstens einer, die Zeder, bestimmen: es ist die neuerlich so berühmt gewordene Pinus Deodara. Aus dem herrlich duftenden unverwüstlichen Holz dieses Baums, das man vom Himálaya herabflößt, fand Alexander Burnes [1]) alle Balken eines Dorfs gezim-

---

1) Burnes, Alex., travels into Bokhara etc. Second edit. II., London 1835, 8vo pag. 43.; und daraus in Ritter's Erdkunde V S. 455. (wo, vielleicht nach der ersten Ausgabe, Burnes I. S. 50. citirt wird).

mert, das noch etwas unterhalb der beiden griechischen Niederlassungen liegt, bei denen Alexandros seine Indusflotte erbaute.

Kap. 1: §. 37. p. 703. C., III. p. 277. St., III. p. 139. G. „Auch Ebenholz (sagt Megasthenes) wüchse da jenseits des Hýpanis.“

Da Indien reich ist an Arten der Gattung Diospyros und anderer Ebenaceen, welche fast alle schwarzes feinfaseriges Holz liefern, so läßt sich die Art nicht bestimmen. Schon Theophrastos[1]) unterscheidet aus Indien zweierlei Ebenholz, vermuthlich das Product von zwei verschiedenen Bäumen.

Kap. 1. §. 53. p. 709. C., III. p. 287. St., III. p. 148. G. „Sie (die Inder, sagt Megasthenes) trinken keinen Wein, außer bei Opfern, und zwar aus Reis statt aus Gerste bereiteten. Auch ihre Speise sei meist ein Brei aus Reis.“

Es ist nicht Sache des Botanikers zu entscheiden, ob die den Römern und Griechen stets unbekannt gebliebene Kunst zu destilliren zu ihrer Zeit in Indien oder China schon bekannt war oder nicht; ob hier von Arrak oder von Bier die Rede sei. Doch konnte ich mich nicht enthalten, mit Strabon

---

1) Theophrast. hist. plantar. IV. cap. 4. sect. 6.

unbekannte Leser auf diese merkwürdige Stelle aufmerksam zu machen.

Kap. 1. §. 56. p. 710. C., III. p. 289. St., III. p. 151. G. „Auch spricht Megasthenes von einhörnigen hirschköpfigen Pferden, von Rohren, sowohl aufrechten, dreißig Klafter lang, wie auch niederliegenden von funfzig Klaftern und solcher Dicke, daß der Durchmesser bei einigen drei Ellen, bei andern das doppelte betrage. (§. 57.) Dann aber völlig ins Fabelhafte gerathend, erzählt er von Menschen fünf oder drei Spannen lang."

Anfang und Ende dieser Stelle geben uns das Maaß für die Glaubhaftigkeit des Mittelsatzes. Gleichwohl übersteigen die angegebenen Längen und Dicken, vorausgesetzt daß Megasthenes unter seinen Rohren - Palmen verstand, keineswegs allen Glauben. In Martius [1]) Monographie der Palmen befindet sich eine Tabelle, worin die verschiedenen Dimensionen einzelner Palmen in pariser Linien, also mit großer Genauigkeit, angegeben werden. Die höchste darunter, eine Euterpe oleracea bei Para in Brasilien, hatte einen Stamm von 14,440 Linien, also 100 Fuß und etwas darüber, ohne die Länge des Wedels, die nicht selten noch dem

---

1) Martius, historia naturalis palmarum, I. pag. LXXXIV.

vierten oder dritten Theil ausgewachsener Stämme gleich kommt. Der Umfang des Stammes nahe über dem Boden betrug 588 Linien, also etwas über 4 Fuß, was einen Durchmesser von ungefähr 16 Zoll giebt. Innerhalb des Wedels betrug der Umfang des Stammes noch 192 Linien oder 16 Zoll. Diesem Stamm an Höhe zunächst kommt ein solcher von Oenocarpus Batavâ 80 Fuß lang, von Mauritia flexuosa 78⅔ Fuß lang, von Cocos nucifera 68 Fuß lang, zu denen allen noch der Wedel hinzuzurechnen ist. Und schwerlich fand man Gelegenheit grade die höchsten Stämme jeder Art mit solcher Genauigkeit zu messen, was immer voraussetzt, daß sie gefällt waren. Findet man die Angaben des Megasthenes bei alle dem noch etwas übertrieben, so entschuldigt ihn gewiß die von Martius [2]) hervorgehobene optische Täuschung, vermöge welcher jeder hohe Baum, je schlanker er ist, desto höher erscheint.

Kap. 1. §. 58. p. 711. C., III. p. 291. St., III. p. 152. G. „Von den Weisen redend, sagt Megasthenes, die Bergbewohner wären Verehrer des Dionysos, dessen Merkmale sie zeigten, als den wilden nur bei ihnen wachsenden Weinstock, den Epheu, den Lorbeer, die Myrte, den Buchs-

2) „Quin immo palmae, ut pro altissimis omnium stirpium habeantur, saepe suadet caudicis simplicitas“ Martius l. c. pag. LXXXIII.

baum und andere immergrüne Gewächse, deren keins jenseits des Euphrates wachse, außer einigen wenigen und mit großer Sorgfalt gepflegten in Lustgärten.... Doch das sind fabelhafte und von Vielen widerlegte Sagen, besonders hinsichtlich des Weinstocks und des Weins. Denn jenseits des Euphrates liegt noch viel von Armenien, ganz Mesopotamien und weiterhin Medien bis gen Persien und Karamanien; ein großer Theil aller dieser Länder wird aber als rebenreich und weinreich gerühmt."

Eine ungefähre Uebersicht der heutigen Verbreitung des Weinstocks giebt Schouw[1]). In Asien stimmt sie so ziemlich mit der hier von Strabon gegebenen überein, und erhebt sich in Indien zu beträchtlicher Höhe. Auch wildwüchsig fand Elphistone[2]) den Weinstock in der hohen Gebirgsgegend um Peschauer. Von dort aus westlich im innern Persien kennen wir ihn nur als Culturpflanze. Sehr häufig jedoch findet er sich wieder wild in der Provinz Ghi-

---

1) Schouw Grundzüge einer allgem. Pflanzengeographie, S. 204. ff., Atlas dazu Tafel II.

2) Elphistone, bei Ritter, Erdkunde VII. S. 200. Das Original steht mir nicht zu Gebot.

lan an der Südküste des kaspischen Meers [3]), und in Kurdistan, wo ihn Claudius James Rich [4]) südlicher, Ainsworth [5]) in den mittlern Gegenden im üppigsten Wuchse tief in den Wäldern antrafen. Im alten Kolchis, an der Westküste Armeniens am schwarzen Meer, beobachtete Karl Koch [6]), im alten Pontos an der Küste der Chalybes Hamilton [7]), und am Fuß des mysischen Olympos bei Brusa derselbe den wilden Weinstock; es wäre also nicht schwer, die Verbreitungsspäre der wildwüchsigen Pflanze von Kurdistan aus ziemlich zusammenhängend bis Thrakien, Griechenland und Italien zu verfolgen. Doch dürfen wir dabei nicht vergessen, wie alt sein Anbau ist, und wie leicht er unter günstigen Umständen verwildert. Den sichersten Anspruch auf die Ehre seiner Geburtsstätte hat unstreitig Kurdistan, nicht Indien.

Hedera Helix hat in der That fast dieselbe Verbreitungsspäre wie der Weinstock; nur steigt sie

---

3) Eichwald, Reise auf dem kaspischen Meere und in den Kaukasus, Band I. Abtheil I S. 336. und an mehreren Stellen; bei Ritter a. a. O. VIII. S. 427 f.

4) Rich, bei Ritter a. a. O IX. S. 577. und 588.

5) Ainsworth, visit to the Chaldeans; im Journal of the royal geogr. soc. of London, XI. pag. 75; bei Ritter a. a O. XI. S. 658.

6) Koch, K., Beiträge zu einer Flora des Orients; in Schlechtendal, Linnäa, XXI. S. 339.

7) Hamilton, W. J, Reisen in Kleinasien. Pontus und Armenien. Deutsch von Schomburgh. Leipzig. 1843. 8vo; I. S. 263 u. 81.

etwas höher nach Norden und am Abhang der Gebirge hinauf. Nach Wallich [8]) gehört sie zu den schönsten Zierden der nepalschen Gebirgswälder. Die Pflanze erreicht hier eine außerordentliche Stärke und Höhe, und hat stets kuglige gelbe Früchte, gehört also zu derjenigen Abart, die auch in Thrakien, seltener sogar in Italien vorkommt, und von den Alten als die besonders dem Dionysos heilige betrachtet wurde.

Buxus sempervirens ward meines Wissens neuerlich nicht östlicher beobachtet als am Südrande des kaspischen Meers, wo er mit der Weinrebe gemeinschaftlich wächst [9]); **Laurus nobilis** nur bis in die Gegend von Sindschar oder Sindjar, nordwestlich von Mosul im mittlern Kurdistan [10]); und **Myrtus communis** scheint das Gebiet der flora Mediterranea kaum zu überschreiten. Diese drei Pflanzen möchten also wohl von Alexandros Begleitern mit andern ver-

---

[8]) Roxburgh, flora Indica. Edit. by Carey, and descriptions by Wallich. Serampore. II., 1824, 8vo p. 515.

[9]) Ritter a. a. O. VIII. S. 427.

[10]) Forbes, visit to the Sinjar Hills: in Journal of the royal geograph society of London; IX. pag. 416., und bei Ritter a. a. O XI. S 461 Daß unter Baytrees hier wirklich Lorbeerbäume zu verstehen, was das Register zu Ritter in Frage stellt, läßt sich nicht bezweifeln, da es dem Verfasser keineswegs an botanischen Kenntnissen zu fehlen scheint. Was man aber im Mingrelien für Lorbeer ausgegeben hat, ist nach K. Koch in der Linnäa XXI. S 313 Prunus Laurocerasus.

wechselt sein, oder zu dem poetischen Schmuck, den Strabon andeutet, gehören.

Kap. 2. §. 2. p. 720. C., III. p. 305. St., III. p. 168. G. „Die Küste der Ichthyophagen ist meerflach und größtentheils ohne Bäume, außer Palmen, einem gewissen Dornstrauch und der Tamariske (μυρίκη). Auch an Wasser und angebaueter Nahrung ist Mangel."

Phoenix dactylifera bemerkte auch Burnes[1]) an der Mündung des Indus, etwas höher hinauf Acacia Arabica, welche wohl jener Dornstrauch sein kann, und überall häufiges Tamariskengesträuch, vermuthlich entweder Tamarix orientalis Forsk. (articulata Vahl), oder Tamarix Gallica, die sich nach Ehrenbergs Untersuchungen[2]) von England über Frankreich bis zu den canarischen Inseln, und östlich über Aegypten Arabien Indien sogar bis nach China erstreckt.

Kap. 2. §. 3. p. 721. C., III. p. 306. St., III. p. 168. G. „Ueber dem Lande der Ichthyo-

---

1) Burnes, Alex., travels into Bokkhara. Second edit. I. pag 259; daraus bei Ritter, VII S 159. (wo Burnes III. pag 274. citirt wird.)

2) Ehrenberg, über die Manna-Tamariske; in Schlechtendal, Linnäa II S 267. ff, eine von De Candolle im Prodromus syst. veget. vol. III leider noch nicht benutzte Arbeit

phagen liegt Gedrosia, weniger heiß als Indien, doch heißer als das übrige Asien, auch der Früchte und des Wassers ermangelnd außer im Sommer, und nicht viel besser als das Ichthyophagenland, doch gewürzreicher, besonders an Narde und Myrrhe, so daß sich des Alexandros durchziehendes Heer derselben zum Obdach und Lager bediente, und hierdurch zugleich Wohlgeruch und gesundere Luft genoß."

Gedrosien ist das heutige Mekran, westlich vom Indus längs der Küste des indischen Okeans, welches Alexandros nicht fern vom Meer durchzog. Es ist daher sehr zweifelhaft, ob die ächte Narde von Nardostachys Jatamansi, die wir mit Sicherheit nur aus dem hohen Nepal kennen, auch in dieser fast meeresebenen Gegend wächst. Schon früher (pag. 695. C.) kam die Narde als indisches Erzeugniß vor, was sich füglich auf Nardostachys Jatamansi beziehen ließ. Später (pag. 782. C.) wird noch die arabische vorkommen, welche Dioskorides[1]) die sampharitische nennt (vom heutigen Samfür auf dem Harrazgebirge in Jemen), und so beschreibt, daß sie für eine ganz andere Art zu halten ist, vielleicht dieselbe, von der hier die Rede ist.

---

[1]) Dioscorid I. cap. 6.

Ueber den Myrrhenbaum werde ich zu pag. 782. C. sprechen. Dessen Zweige konnten allerdings Schatten geben, die Narde, jedenfalls nur ein niedriges Kraut, höchstens das Lager oder gar nur Parfüm für dasselbe. Auch von den Sabäern sagt Strabon später (pag. 778.): „Das gemeine Volk liegt auf den abgeschnittenen Wurzeln der (Gewürz-) Bäume.“ Das wäre kein weiches, wenn auch duftiges Lager.

Kap. 2. §. 7. p. 722. C., III. p. 309 St., III. p. 171. G. „Auch war da (in Gedrosien) ein lorbeerähnliches Gewächs, von dessen Genuß das Lastvieh unter Zuckungen und Schaumerguß verschied. Eine stachelige Pflanze, deren Früchte den Boden bedeckten wie Gurken, war mit einem Saft erfüllt, wovon ein Tropfen, wenn er ins Auge eines Thiers kam, dasselbe erblinden machte.“

Ueber beide Pflanzen sprechen auch, vermuthlich aus gemeinsamer Quelle, Theophrastos[1]) und Arrianos[2]). Ueber das Gewächs mit Lorbeerblättern sagt ersterer nicht mehr als Strabon selbst; letzterer erzählt umständlicher nach Aristobulos: „es wären auch noch andere Bäume in der Wüste (in Gedrosien), davon einer nach den Blättern dem Lorbeer ähnlich; er

1) Theophrast. hist. plant. IV. cap. 4. sect. 13.
2) Arrian. expedit Alexandr. VI. cap. 22.

wüchse auf den vom Meer bespülten Landstrichen, und stände während der Ebbe auf dem Trockenen, würde aber bei der Fluth vom Meere überschwemmt. Selbst die in Vertiefungen stehenden, aus denen sich das Wasser nicht zurückzöge, litten nicht vom Seewasser. Diese Bäume wären dreissig Ellen hoch, und hätten damals gerade geblüht. Ihre Blumen glichen sehr der weißen Viole, doch wären sie von vorzüglicherem Duft." — Das kann nicht Cerbera Manghas sein, wie Sprengel [3]) vermuthete, sondern nur eine der manglcartigen Pflanzen, welche alle flache Seeufer der heißen Zone kränzen, und die wir bald (pag. 766.) auch am rothen Meer wiederfinden werden. Als giftig gilt unter ihnen besonders eine, das Aegiceras minus, das auch De Candolle [4]) als eine arbuscula noxia bezeichnet. Es wächst auf Neu Guinea und den molukkischen Inseln. Eine andere Art derselben Gattung, die weiter verbreitet ist, Aegiceras majus [5]), zeichnet sich aus durch den Duft ihrer Blüthen, und ist wahrscheinlich nicht minder giftig als jene. Ob sie jedoch in Gedrossien vorkommt, kann nur eine Localuntersuchung lehren.

Von der stachligen Pflanze hebt Arrianos vorzüglich die Stärke ihrer Stacheln hervor, die, wenn

---

3) Sprengel zu der angeführten Stelle des Theophrastos.

4) De Candolle, prodromus system. regni vegetab. VIII. pag. 143.

5) De Candolle l. c. pag. 142.

sie das Kleid eines Vorbeireitenden ergriffen, diesen eher vom Pferde zögen als abbrächen. Gleichwohl ließe sich die Pflanze leicht einschneiden, und ergösse dann mehr und schärferen Saft als der Feigenbaum. Theoprastos fügt hinzu, die Pflanze hätte keine Blätter; der aus ihren Wunden reichlich ausfließende Saft mache zahme und wilde Thiere blind, wenn sie damit besprützt würden. — Und hier scheint mir Sprengel glücklicher, indem er auf Euphorbia antiquorum räth, deren Zweige sich wohl mit Gurken vergleichen ließen. Da sie in Arabien und Ostindien wächst, fehlt sie in den Mittelländern gewiß nicht.

Kap. 2. §. 10. p. 725. C., III. p. 312. St., **III. p. 176. G.** **„Das Gebirge nach Baktriana überstieg er (Alexandros) auf kahlen Wegen, wo außer einigen strauchartigen Terebinthen die Nahrungsmittel fehlten, so daß sie das Fleisch des Zugviehes aßen, und zwar roh wegen Holzmangels. Doch als Verdauungsmittel bei der rohen Kost diente ihnen das dort häufig wachsende Silphion."**

Diese vermeinte Terebinthe aus Baktrien beschreibt Theophrastos[1]) deutlich genug, um unsere

1) Theophrast. hist. plantar. IV. cap. 4 sect. 7. Vergl. Ritters Erdkunde XI. S. 561. ff.

Pistacia vera erkennen zu lassen, deren Nüsse im Orient eine beliebte Speise darbieten.

Ueber Silphion sehe man die Bemerkung zu pag. 525.

Kap. 3. §. 10. p. 731. C., III. p. 323. St., III. p. 192. G. „Etwas Eigenes erleiden (in Susa) die Balken aus Palmenholz. Je älter, desto fester werden sie, und biegen sich nicht abwärts, sondern der Last entgegen nach oben zu, und tragen das Dach desto besser.“

Dieselbe Eigenschaft des Palmenholzes rühmen auch Xenophon [1]) Theophrastos [2]) Plinius [3]) Plutarchos [4]) und Gellius [5]), der sie in den Problemen des Aristoteles gelesen hatte. Es reicht also nicht hin, mit Sprengel [6]) zu sagen: „Daß das Palmenholz gradezu sich aufwärts krümmen sollte, wenn es gedrückt oder belastet wird, ist nicht buchstäblich zu nehmen, sondern nur von der großen Schnellkraft desselben zu verstehen.“ Die Sache muß geprüft werden. Bis

---

1) Xenophont. Cyropaed. VII. cap. 5 sect. 11.
2) Theophrast. hist. plantar. V. cap. 6. sect. 1.
3) Plin. hist. nat. XVI. cap. 42. sect. 81.
4) Plutarch. sympos. VIII. quaest. 4. ad finem.
5) Gellii noct. Attic. III. cap. 6.
6) Sprengel, zur angeführten Stelle des Theophrastos.

dahin mögen folgende Bemerkungen hier Platz finden. Erklären läßt sich das Phänomen, woran zu zweifeln ich kein Recht finde, auf zweierlei Weise. Entweder benutzte man das Palmenholz aus dem vollen, oder aus dem getheilten Stamm. War das erstere der Fall, so kann die Krümmung nach oben nur von einseitiger Einwirkung der Wärme und Feuchtigkeit abhängen. Oben waren die Dächer mit starken Erdschichten bedeckt, unten lagen die Balken vermuthlich frei an der Luft, so daß sie von dieser Seite den warmen Dünsten der Zimmer ausgesetzt, von der obern dagegen geschützt waren. Doch zweifle ich, ob das hinreicht das Phänomen zu erklären. Wahrscheinlicher ist, daß man die Stämme der Länge nach theilte, und das mittlere weiche Holz entfernte. Denn De Lile [7]) sagt über die Benutzung des Palmenholzes in Aegypten folgendes: „Daraus (nämlich aus dem Bau des Holzes) folgt, daß der Stamm außen, wo die Fasern gedrängt liegen, hart, und innen, wo das Mark leicht fault, weich ist. Die beste Art dies Holz anzuwenden, ist, die Blöcke der Länge nach in zwei Stücke zu spalten, und wenn sie trocken und leicht geworden, zu gebrauchen, damit sie sich halten und nicht werfen." Die letzten Worte sind aber gewiß zu berichtigen. Solche halbrunde Hölzer krümmen sich stets nach außen. Wußte

---

7) De Lile, flore d'Egypte, in der Description de l'Egypte, Edit. II. vol. XIX. pag. 445.

man das in Susa, und legte man die halbrunde Seite nach unten, so läßt sich begreifen, daß ein nicht allzu schwerer Druck von oben die Krümmung nicht hinderte. Uebrigens waren die Gebäude schmal, folglich die Balken kurz, „weil sie langer Balken ermangeln", wie Strabon selbst eine Zeile vorher sagt.

Aus Buch XVI.

Kap. 1. §. 5. p. 739. C., III. p. 336. St., III. p. 211. G. „Wegen der Seltenheit des Bauholzes werden die Häuserbauten (in Babylon) sowohl in Balken als Pfosten aus Palmenholz beschafft."

Ueber die Bauten aus Palmenholz vergleiche man die vorige, über den Mangel an Bauholz bei und um Babylon die folgende Stelle.

Kap. 1. §. 11. p. 741. C., III. p. 340. St., III. p. 216. G. „In Babylonien erbaute er (Alexandros) Schiffe aus den Cypressen der Götterhaine und Lustgärten. Denn dort ist Mangel an Bauholz, bei den Kossäern aber und einigen andern Völkern nur mäßiger Vorrath."

Wir kennen jetzt das untere Euphrat- und Tigrisgebiet als ein öftern Ueberschwemmungen ausgesetztes ungeheures Marschland, worin außer einigen

Tamarisken-, Brombeer- und Kapperngesträuchen nichts Holzartiges wächst, zu beiden Seiten durch Wüsten begrenzt. Die Kossäer wohnten ziemlich weit östlich von diesem Flachlande, in den Gebirgen des heutigen Loristan. Man darf sich also nicht wundern, daß Babylon außer einigen angepflanzten Cypressen, wahrscheinlich Cupressus horizontalis, kein Bauholz darbot. Etwas höher an einem Nebenfluß des Tigris lag Arbéla, und nicht weit davon Sadrakä, der Sitz des Königs Darios Hystaspes, nebst dem Kyparisson (ὁ Κυπαρισσὼν) Ich überging diese Stelle bei Strabon (pag. 738.), weil es ungewiß scheint, ob damit ein Fluß oder ein Cypressenhain gemeint ist. Doch auch in ersterm Fall läßt sich vermuthen, daß der Fluß seinen Namen dem Baum verdankte.

Kap. 1. §. 14. p. 742. C., III. p. 343. St., III. p. 219. G. „Das Land (Babylonien) liefert so viel Gerste wie kein anderes, dreihundertfältig sagt man. Ihre übrigen Bedürfnisse entnehmen sie der Palme, von ihr kommt Brod, Wein, Essig, Honig, Mehl nebst allerlei Flechtwerk; der Kerne bedienen sich die Schmiede zur Kohle, und eingeweicht dienen sie dem Mastvieh, Rindern wie Schaafen zum Futter. Es soll sogar einen persischen Gesang geben, worin drei hundert und sechzig Benutzungsweisen der Palme aufgezählt werden. Auch des Sesamöls bedient man sich fast allgemein; andere Länder ermangeln dieser Pflanze."

„Der Dattelbaum, sagt Ritter[1]), ist der Repräsentant der subtropischen Zone ohne Regenniederschlag in der alten Welt." Babylon ist beinahe der Mittelpunkt dieser Zone. Nach Indien östlich, südlich längs der afrikanischen Nordküste bis nach Spanien, verbreitete er sich erst mit dem Koran.

Kap. 1. §. 24. p. 747. C., **III.** p. 350. St., **III.** p. 229. G. „Das Land (Mesopotamien) ist weidenreich und den Pflanzen gedeihlich, so daß es auch die immergrünen hervorbringt und das Gewürz Amomon."

Eine der räthselhaftesten Pflanzen des Alterthums, deren Enträthselung eben so oft, als sie versucht ward, mißlang, ist das A m o m o n. Wir kennen es eigentlich nur aus des Dioskorides[1]) Beschreibung. Denn Theophrastos nennt es nur im Vorbeigehen; was Plinius[2]) abweichend von Dioskorides darüber

---

1) Ritter, Erdkunde V. Seite 832. Vergl. auch Ritter, die Verbreitung der Dattelpalme u. s. w.; im Monatsberichte der Gesellsch. für Erdk. in Berlin. Neue Folge, Band VI. (1850.) S. 92. ff.

1) Dioscor. I. cap. 14

2) Plin. hist nat. XII. cap. 13. sect. 28.

sagt, scheint, wie Salmasius[3]) gezeigt, auf Mißverständnissen zu beruhen, und die Araber[4]) scheinen es schon nicht mehr gekannt, sondern den Dioskorides darüber nur abgeschrieben zu haben. Nach Dioskorides war es ein kleiner holziger Strauch, der mit Wurzel und Frucht zugleich in den Handel kam, also niedrig sein mußte. Die Zweige werden traubenartig in sich selbst zusammengedreht genannt; es bleibt aber zweifelhaft, ob sie so von Natur waren, oder nur so zusammengewickelt zu Markt kamen. Ihre Blätter werden denen der Bryonia, ihre kleinen Blumen denen der Leukoje verglichen. Die Frucht wird eine Beere genannt. Davon kannte man drei Sorten: das armenische mit gleblichem Holz vom stärksten Geruch; das medische größer, grünlich, schwächer, im Geruch dem Origanon ähnlich; das pontische kurz, gelblich, zerbrechlich, voller Frucht und von betäubendem Geruch.

Nun prüfe man, ob das, wie Sprengel[5]), offen-

---

[3]) Salmas. de homonymis hyles iatricae pag. 135. Die Worte des Plinius sind: Amomi uva in usu est, Indica vite labrusca etc.; wahrscheinlich eine falsche Uebersetzung der griechischen Worte des Dioskorides: Ἄμωμόν ἐστι θαμνίσκον οἱονεὶ βότρυς ἐκ ξύλου ἀντεμπεπλεγμένος ἑαυτῷ.

[4]) Avicenna, interprete Plempio II. pag. 130. Ebn Baithar, übers. von Sontheimer I. pag. 320.

[5]) Zuerst in seiner Historia rei herbariae I. pag. 142. und 247. (wo das aus Avicenna Angeführte nach des Plempius Bearbeitung dieses Schriftstellers zu berichtigen ist), dann wieder in seinen Commentaren zu den betreffenden Stellen des Theophrastos und Dioskorides.

bar durch Plinius verleitet, meinte, und Andere ihm nachschrieben, Cissus vitiginea sein kann, eine von Pluckenet[6]) aus Malabar beschriebene Pflanze, die wie alle Arten derselben Gattung hoch emporklettert. Was das Vaterland betrifft, so meinte Sprengel, Pontos, Armenien und Medien bezeichneten vielleicht nur die Handelstraßen, auf denen das Amomon nach Griechenland gelangte. Ist es aber wohl wahrscheinlich, daß deren drei waren? Der Karavanenhandel bewegt sich stets in sehr bestimmten Bahnen, und schon der Name (hebräisch Ham, arabisch Hamâmâ, d. i. heiß, gewürzig) deutet auf einen nicht indischen Ursprung. Zwar giebt es eine von der ächten malabarischen verschiedene Cissus vitiginea Willd., die man nur aus botanischen Gärten kennt, und die schon in Südfrankreich den Winter aushalten soll[7]); ob dieselbe aber, wie Sprengel[8]) später ohne Gewährsmann zu behaupten wagte, aus Persien abstammt, ist völlig ungewiß. Besser also, dem Amomon der Alten noch ferner nachforschen, als uns einbilden, wir hätten es in der Gattung Cissus bereits wiedergefunden.

Kap. 2. §. 16. p. 755. C., III. p. 363. St., III. p. 248 G. „Sie (die Ebene Kölosyriens)

---

6) Pluckenet. mantissa, pag. 27. tab. 337. fig. 4.

7) Wight and Walker-Arnott, prodromus florae peninsulae Indiae orient. I. pag. 127.

8) Linné, systema vegetab. curante Sprengel, I. p. 448.

enthält auch einen See, der den aromatischen Schönos und den Kalmus (κάλαμον) trägt, wie auch Sümpfe. Der See heißt Gennesareth. Auch Balsam erzeugt die Ebene."

Wohlriechender Schönos und Kalamos werden oft mit einander genannt, unterandern schon von Theophrastos [1]), zu welchem Sprengel in seinem Commentar sie genügend erläutert hat; es ist Andropogon Schoenanthus und Acorus Calamus. Eine Wasserpflanze ist jener Andropogon freilich nicht, Theophrastos sagt aber schon: „Wo der Kalmus und der Schönos wachsen, ist ein großer See; an diesem, in dem ausgetrockneten Sumpf wachsen sie."

In Bezug auf den Balsam, worüber die nächst folgende Stelle zu vergleichen ist, dehnt Strabon die Gegend, von der er spricht, etwas zu weit aus, als ob sie auch Jericho mit umfaßte. Denn offenbar meint er hier den Balsam bei Jericho, von dem er in der folgenden Stelle ausdrücklich sagt, daß er nur dort erzeugt werde, weil ihn, wie sich aus einer später pag. 800. vorkommenden Stelle ergiebt, die Juden aus Eigennutz, um den Preis willkürlich stellen zu können, anderwärts nicht aufkommen ließen.

Kap. 2. §. 41. p. 763. C., III. p. 377. St., III p. 270. G. „Hier (bei Jericho) ist der Pal-

1) Theophrast. hist. plantar. IX. cap. 7. sect. 1.

menwald, welcher auch andere zahme und edelfrüchtige Bäume untermischt enthält, doch in größter Menge die Palme, bei hundert Stadien in Länge und ganz durchwässert und mit Wohnungen gefüllt; auch ist darin ein königliches Schloß und der Balsamgarten. Der Balsam ist aber ein strauchartiges dem Kytisos und der Terebinthe ähnliches aromatisches Gewächs, dessen Rinde man aufschlitzt und in Gefäßen den schleimiger milchähnlichen Saft auffängt, worauf er, in Muscheln gegossen, Festigkeit annimt. Er heilt Kopfschmerzen zum Erstaunen, auch anfangenden grauen Staar und Stumpfsichtigkeit. Daher wird er hochgeschätzt, wie auch deshalb, weil er nur hier erzeugt wird. Auch die nußartige Dattel enthält dieser Dattelwald allein, ausgenommen den babylonischen und den weiter gegen Osten befindlichen. Groß ist daher von diesen Erzeugnissen der Gewinn. Auch das Balsamholz gebraucht man als Gewürz."

Vom Balsamstrauch, Balsamodendron Opobalsamum, wird zu pag. 778. die Rede sein. Die mit ihm verglichenen Pflanzen, Kytisos und Terebinthe, sind Medicago arborea und Pistacia vera; letztere lernten wir bereits pag. 725. unter diesem Namen kennen, der sonst freilich unsere Pistacia Terebinthus bedeutet.

Die nußartige Dattel hält man jetzt allgemein für eine edlere Sorte unsrer Phoenix dactylifera.

Kap. 2. §. 45. p. 764. C., III. p. 379. St., III. p. 274. G. „Bei Tarichea (am südlichen Ende des galiläischen See's) wachsen Fruchtbäume den Apfelbäumen ähnlich."

Wahrscheinlich, indem wir die Aehnlichkeit nicht auf die Blätter sondern auf die Frucht beziehen, eine der mit unserer Azarole verwandten Arten von Crataegus, sei es tanacetifolia, orientalis oder Aronia, die sämmtlich in jenen Gegenden vorkommen und eßbare Früchte tragen, von Nichtbotanikern aber kaum unterschieden werden. Sie alle nebst unserer Crataegus Azarolus führen auch einen gemeinschaftlichen arabischen Namen زعرور, Za'rur[1]) woraus mit vorgesetztem Artikel und etwas entstellter Endung Azarole entstanden ist. Schon Matthäus Sylvaticus 2) sagt

---

[1]) So bei Burckhardt, travels in Syria and the holy land. London. 1822. 4to, pag 275; aber auch schon bei Ibn Baithar, übers. von Sontheimer II. S. 532., und Avicenna, interprete Plempio, II pag 125.

[2]) Matthaei Sylvatici pandectae medicinae. Edit. Veneta 1492 fol., fol. 191. a.

in seinem barbarisch-lateinischen Wörterbuch der Medicin: Zarole i. q. sorbe [3])

Kap. 3. §. 6. p. 766. C., III. p. 383. St., III. p. 282. G. „Längs der ganzen Küste des rothen Meers wachsen in der Tiefe Bäume ähnlich dem Lorbeer- und dem Oelbaum, bei der Ebbe ganz sichtbar, bei der Fluth aber oft ganz bedeckt. Dabei ist das höher liegende Land baumlos, wodurch sich das Wunderbare noch steigert.“

Der vermeinte Lorbeerbaum der Küsten des rothen Meers kommt bei Strabon nur noch einmal vor, des vermeinten Oelbaums gedenkt er öfter, pag. 769., 770. und neben dem Lorbeerbaum pag. 773, endlich mit dem Zusatz: „nicht der unsrige, sondern der dort einheimische, den man den äthiopischen nennt“, pag. 777. Auch Theophrastos [1]) spricht von beiden Bäumen, und zwar mehrmals auf verschiedene Weise ohne Zweifel nach verschiedenen Berichten in demselben Kapitel, worin er offenbar Algen und Rhizophoreen zusammenfaßt. Daraus entstand dann bei Plinius [2]) eine vollends unauflösliche Verwirrung, die Lorbeer-

[3]) Die Nachrichten neuerer Reisenden sehe man bei Ritter, wo das Register zu Band XV. unter Za'rur die Stellen nachweist

[1]) Theophrast. hist. plantar. IV. cap. 7.

[2]) Plin. XIII cap. 25. sect 48. Cf. cap. 9. sect. 20., cap. 17. sect. 38.

und Oelbäume der Küsten des rothen Meers wurden mit den Algen und Korallinen so verflochten, als ob sie ganz und gar dazu gehörten. Es ist daher verzeihlich, daß manche Ausleger der Alten, worunter auch ich [3]), sich verleiten ließen, jene Oel- und Lorbeerbäume wirklich für Korallinen und Algen zu halten. Vergleicht man jedoch alle die angeführten Stellen Strabons unter sich mit den Parallelstellen des Agatharchides und Diodoros Sikeliotes, so läßt sich nicht verkennen, was jene Bäume waren. Ueberhaupt wird uns von jetzt an Agatharchides immer wichtiger, da er die Hauptquelle ist, woraus Strabon, wenn nicht unmittelbar, so doch vermittelst des Artemidoros schöpfte. Diodoros schöpfte seine Nachrichten über das rothe Meer meist gradezu aus derselben Quelle, so daß sich der Text des einen, wo es nöthig ist, aus dem des andern berichtigen läßt. Im Ganzen wird uns die Vergleichung mit Agatharchides genügen; nur wo es auf Berichtigung des Textes ankommt, werde ich auch den Diodoros benutzen. Die Stellen über die Oelbäume des rothen Meers lauten bei Agatharchides [4]) so:

---

[3]) In meiner Ausgabe des Nikolaos Damaskenos oder Pseudo-Aristoteles de plantis pag. 81., wo ich Strabon gänzlich mißverstanden habe.

[4]) Agatharchides apud Photium, cod. 250. Kapitel und Pagina citire ich nach Edit. Hoeschelii, da mir die von Bekker leider nicht zu Gebot steht. Von Diodoros benutzte ich die Editio Bipontina.

Kap. 17. pag. 1348: „Einige (der Ichthyophagen) bedienen sich der Oelbäume, deren Gipfel sie mit einander verbinden, als Hütten. Dieser Oelbaum soll aber Früchte tragen gleich der Kastaniennuß.“ (Ebenso bei Diodoros III. cap. 18., nur daß die Handschriften statt ἐλαῖαι Oelbäume irrig ἐλάται Tannen haben).

Kap. 46. pag. 1369: „Nach den Batmizomanen folgen drei Inseln...., alle wüst und von Oelbäumen überschattet (συσκίους ἐλαίαις), doch nicht den unsrigen, sondern denen, die in jener Gegend wachsen. (Nach Diodoros III. cap. 38. πλήρεις εἰσὶν ἐλαίων καὶ σύκων, sie sind voller Oel- und Feigenbäume. Doch haben andere Handschriften offenbar richtiger: καὶ σύσκιοι, sie sind mit Oelbäumen erfüllt und überschattet).

Kap. 53. pag. 1376.: „In demselben Meerbusen soll sich in Betreff der Oelbäume etwas seltsames ereignen, daß sie nämlich während der Fluth ganz bedeckt werden, wenn aber die Ebbe eintritt, die ganze Zeit über grünen.“

Offenbar ist in allen diesen Stellen die Rede von einem mangleartigen Gewächs. Neuere Botaniker [5]) beobachteten in denselben Gegenden besonders häufig unsere Avicennia officinalis, deren Blätter

---

1) Richard tentamen florae Abyssinicae II. pag. 173. Schauer in De Candolle prodromus system nat. regni veget. XI. pag. 700.

denen des Oelbaums so ziemlich gleichen. Dioskorides [6]) zählt unter seinen Arzneimitteln auch das Harz des äthiopischen Oelbaums auf. Nach Forster [7]) wird das Harz jener Avicennia, die er resinifera nennt, von den Neuseeländern gegessen.

Der äthiopische Lorbeerbaum, dessen Agatharchides und Diodoros nicht erwähnen, kann wohl gleichfalls nur ein mangelartiger Baum sein. Mit Sicherheit bekannt ist uns von Pflanzen der Art aus jenen Gegenden nur noch die Rhizophora candelaria [8]), die ich daher hierher zu ziehen kein Bedenken trage. Eine giftige Pflanze gleichen Wachsthums, vermuthlich ein Aegiceras, kam schon früher pag. 722. C. vor.

Sprengel hielt beim Theophrastos [9]) umgekehrt den äthiopischen Lorbeer für die Avicennia wußte aber aus dem äthiopischen Oelbaum nichts zu machen, als eine noch unbekannte Amyris, was wohl keiner Widerlegung mehr bedarf. Im Commentar zum Dioskorides übergeht er die Sache.

---

6) Dioscorid. I. cap. 141.

7) Forster de plantis esculentis insularum Ocean australis, pag. 72.

8) Richard l. c. I. pag. 271.

9) Theophrast's Naturgesch. der Gewächse. Uebers. von Sprengel. II. pag. 160.

Kap. 3. §. 7. p. 767. C., III. p. 383. St., III. p. 283. G. Nearchos sagt auch, auf den Inseln vor dem Euphrátes wüchsen weihrauchduftende Bäume, aus deren Wurzeln, wenn man sie zerbräche, eine Milchsaft ausflösse."

Der Weihrauch entwickelt seinen Duft erst beim Verbrennen; ein weihrauchduftender Baum scheint mir daher kein Weihrauchbaum zu sein, sondern ein solcher, dessen Blüthenduft Aehnlichkeit mit dem Duft des verbrennenden Weihrauchs hat. Wir haben also drei Merkmale zu beachten: baumartigen Wuchs, Milchsaft, stark duftende Blüthe. Dazu muß die Pflanze in der bezeichneten Gegend gemein und überhaupt auffallend sein, damit sie die Aufmerksamkeit der Griechen auf sich ziehen konnte. Das alles mag auf verschiedene Pflanzen passen, so daß eine sichere Bestimmung unmöglich wird; bekannt ist mir keine, auf die es besser paßte, als auf Calotropis procera. Diese Pflanze wächst im südlichen Persien, namentlich an den Küsten der Provinz Farsistan häufig, und ist bei den Persern sehr berühmt durch ihren Duft wie durch die Schärfe ihres Milchsaftes, sowohl als Heilmittel wie als Gift. Die ausführlichste mir bekannte Nachricht von dieser Pflanze aus Persien selbst giebt der Missionar Frater Angelus a St. Joseph aus Tolosa im Anhange zu seiner lateinischen Uebersetzung der persischen Pharmakopö 1). Da das Buch selten ist, und die unsere Pflanze betreffende Stelle nicht nur zur Erläuterung Strabons dient, sondern auch außerdem manches Bemerkenswerte enthält: so lasse ich sie hier mit einigen in Klammern hinzugefügten Bemerkungen vollständig abdrucken.

Schakar El Ma-Ascher.

شكر المعشر

Saccharum El Aschaar, de quo Mathiolus in Diosc. lib. 2. cap. 75., vulgare est vilisque pretii in Perside, unde in Turciam alioque asportatur. Est autem istud medicamentum veluti tragea (ein mir unbekanntes Wort, vielleicht das spanische trage, Kleid, Hülle) ex nucleo pistacii integro confecta; nam revera saccharum istud exterius corrugatum et agglomeratum adhaeret cuidam nucleo, in quo non fructus sed vermiculus quidam nigricans Persice C-hezonkek (so bezeichnet der Verf. das Ch., wenn es, wie im Deutschen, ein Kehllaut sein soll) bombicis instar reconditur. Formatur autem tum vermiculus tum nucleus iste intra folia arboris curiosissimae, quam circa oras maritimas Ban-

1) Pharmacopoea Persica. Ex idiomate Persico in Latinum conversa etc. Lutet Paris. 1681. 1 vol 8vo pag 365 Auf dem Titel kommt der Name des Uebersetzers nicht vor, er nennt sich aber in der Dedication, und ist öfter wiederholt in den dem Werke vorgedruckten Approbationen.

der-Congo et Bander-Abassi, portuum nempe Persidis e regione Hormusii, saepe vidi. Est autem arbor illa quoad fustem et ramos et magnitudinem similis sampsuco (bedeutet hier wohl nicht den Majoran, sondern steht für sambuco oder für sambac), sed quoad folia et fructum et flores omnino dissimilis. Frondes sunt exterius valde virentes, interius autem candicantes lanuginosae et floccidae (floccosae) quasi verbasci folia, figurae autem ferme ovalis veluti nucis frondes. Quaedam autem naturaliter complicantur infundibuli modo, in quibus musca quaedam nidificat, quae paulatim araneae instar sibi reticulam negligenter net (pag. 362.) et texit, quae tandem musca in vermem degenerans nucleum sibi solidum bombicis modo, ut dictum supra, quasi sepulcrum sibi parat intra reticulam complicatum, circa quem nucleum materia illa dulcis et candida quasi nix glomeratim adnascitur et condensatur, quae Arabice Saccar el aschaar aut el ma ascher (bei Ibn Sina شكر العشر, woraus Plempius [2]) in seiner sonst so trefflichen Uebersetzung irrthümlich Taxus-Zucker machte) et Persice Schakar tigal vocatur, id est saccharum nidorum, ut vult Zein el Attar in suo Echtiarat; aut vero, et melius saccharum animalium, eo quod aqua dissolutum ad passiones gutturales pecudum propinetur. Fructus

2) Avicennae canon, interprete Plempio, II. pag. 224.

sunt omnino similes humano stomacho seu ventriculo quoad formam, non autem ejusdem molis, sed ferme dimidio minoris[3]), coloris autem exterius subviridis interius vero candidi mollique pulpa infarcti. Hi autem flante austro maxime hiant. Tum autem ex hiatu (sc. calycis, non folliculorum) erumpit flos coeruleus aspectu mirabilis, lilii delicati specie. Hunc Persae vocant Goul bad samour, id est florem venti pellis castorei, quasi dicerent florem ventis calidi ac suffocantis; ventus enim ille quandoque aestivis mensibus quasi flamma fornacis, fauces accendens atque pulmones inflammans, nec mora enecare solet; ideoque Bad Samour ventus pellis castorei dictus, metaphora sumpta a caliditate pellium castorei, quibus contra rigores hyemis Persae vestiuntur.

Est autem tota haec arbor lacte turgens quasi tithymalus et esula; lac autem trium drachmarum pondere mortiferum, ita ut, si quis casu hoc lacte oculos infecerit, coecus evadat; si autem camelus aut armentum quodpiam ad ramos sese scalpserit, scabie putrida torpescat ac moriatur. Immo umbram ejus ac fumum combustorum fustium lethiferum esse, ab incolis hujus patriae didici. Refert tamen Hagi Zein el Attar supra citatus, quod aliquantum lactis

---

3) Man vergleiche die Abbildung der folliculi bei Alpin. de plantis Aegypti pag. 87.

hujus melle correcti pustulas omnes tum in capite tum in ore puerorum adnascentes probe sanat.

Reducunt hanc arborem botanici Orientales ad Nerium seu Rhododaphnen, et speciali nomine vulgari dicitur c-harg, id est prodigium, quasi velint eam esse mirabilis et incognitae virtutis. Revera equidem quosdam agnovi chimiastros, qui lac hujus arboris ad opus maximum, ut vocant, solis et lunae et ad fixationem Mercurii specificum lapidem esse jactant.

Ferunt arborem illam esse calidam in tertio et siccam in quarto gradu; sacharum autem praefatum aequalis temperamenti inter calorem et frigiditatem esse contendunt, cum praedominio quodam humiditatis supra caliditatem. Oculorum albugines sanat et visum acuit, si autem per triduum decem dragmas aqua tepida dissolutas asthmatico propinaveris, solamen quam maximum conferes. Hoc autem peculiare supra species sacchari ordinarii ipsi tribuitur, quod ob modicum dulcorem sitim neutiquam exasperet, adeoque stomacho pectori renibus ac vesicae propitium.

Mirati sunt viatores Europaei hanc exoticam arborem; sed nullus, quod sciam, hujus descriptionem temerare est ausus, nisi dominus Thevenotus, in cujus tomo posthumo fuse describitur exterior ejus species. Sed nil mirum, quod ignari authoris adherens sententiae, nempe Armeni mercatoris, tum nominis veri tum rei notitiam non habuerit. Re enim ipsa nomen C-her Zehereh, id est venenum asini, ab Armeno ipsi declaratum vagum est et commune tanquam nomen, quo rustici non solum hanc arborem, verum etiam cicutam thapsiam nerium pluresque alias plantas malificas et amaras appellant[4]).

Mit dieser Beschreibung vergleiche man Lindley's Beschreibung und Abbildung in Edward's botanical register nr. 1792, und man wird an der Uebereinstimmung der drei Pflanzen, von diesem, von Angelo, und von Strabon, nicht leicht zweifeln. Lindley bemerkt noch, daß die Pflanze im Schatten oder im Zimmer geruchlos sei, aber im Sonnenschein oder warmer Luft sehr stark dufte.

Schließlich will ich nicht verschweigen, daß Ritter[5]), wiewohl er sich sehr vorsichtig ausdrückt, doch offenbar sich zu einer ganz andern Meinung hinneigt,

---

[4]) Ich will nicht unbemerkt lassen, daß Chardin der sonst für zuverläßig gilt, aus dieser einen Pflanze zwei macht „Es giebt, sagt er (tom. IV. pag. 29. der Amsterdamer Ausgabe in 10 Oktavbänden) in Persien zwei Straucharten, die ihrer verderblichen Eigenschaften wegen sehr merkwürdig sind Beide wachsen im wüsten Karamanien nach dem persischen Meerbusen zu." Die erste nennt er wie Angelo Gulbad Samour, arabisch Chark, die zweite wie Thevenot Kerzehre. Nur letztere beschreibt er, minder ausführlich wie Angelo, doch nicht wesentlich anders, und fügt hinzu, man halte sie für das Nerium der Botaniker Ob oder wie viel er aus Thevenot geschöpft, weiß ich nicht, da dieser mir fehlt.

[5]) **Ritter, Erdkunde XII. S. 364.**

zu der, Strabons weihrauchduftende Bäume für wahre Weihrauchbäume selbst zu halten. Doch darüber mehr zu pag. 782.

Kap. 4. §. 1. p. 767. C., III. p. 383. St., III. p. 285. G. „Sogar der Weinstock wächst (in der Landschaft Makine) in Sümpfen, indem man so viel Erde in Rohrgeflechte zusammenschlägt, als den Stock etwa trägt, so daß er oftmals wegtreibt, und dann mit Stangen wieder zur gehörigen Stelle zurückgeschoben wird.“

Makine hieß das Land am innern nordwestlichen Winkel des persischen Meerbusens, unfern der Insel Bahrein, auf der wir nach Schouw [1]) noch jetzt die Aequatorialgrenze des Weinstocks antreffen. Sumpfboden ist aber nach unsern Erfahrungen dem Weinstock durchaus zuwider, und grade das hier beschriebene Verfahren bestätigt diesen Satz. Um den Weinstock in der sumpfigen Niederung erziehen zu können, mußte man ihn auf künstlich bereitete, mit Flechtwerk befestigte Hügel setzen, ihn also vor dem Einfluß des natürlichen Sumpfbodens sicher stellen. Groskurd sagt bei dieser Stelle: „Merwürdig ist, daß solche schwimmende Wein-

1) Schouw, Grundriß einer allgem. Pflanzengeographie, S. 209. und Atlas dazu, Tafel II.

pflanzungen in Flechtkörben auch Humboldt in Neuspanien fand. [2]).

Kap. 4. §. 2. p. 767. C., III. p. 384. St., III. p. 286. G. „Nach diesem (dem glücklichen Arabien) folgt ein versandetes kümmerliches Land, das wenige Palmen, den Dornstrauch, die Tamariske und Cisternenwasser hat, wie Gedrosien."

Auch Wellsted [1]) beobachtete hier, in der freilich mit zahlreichen Oasen übersäeten Wüste von Omân an der Südostküste Arabiens die Dattelpalme, mehrere Akacien, unter denen er nur zwei, Acacia Arabica und vera, als die beiden höchsten namhaft macht, und besonders häufig Tarfagebüsch von Tamarix orientalis Forsk. (articulata Vahl.).

Kap. 4. §. 4. p. 768. C., III. p. 385. St., III. p. 288. G. „Katabania trägt Weihrauch, Chatromotitis Myrrhe."

Kattabania entspricht dem nördlichen Omân am Eingang des persischen Meerbusens, welches niemand besser kennt als Wellsted. Gleichwohl versichert derselbe [1]): „Weihrauch- und Drachenblutbäume habe ich

---

[2]) Ich habe diese Stelle in Humboldts Werken vergeblich gesucht.

[1]) Wellsted, Reisen in Arabien. Deutsch von Rödiger, 1. S. 195.

[1]) Wellsted a. a. O. Seite 196.

in Omân nirgends getroffen, obwohl sie auf den Hügeln der benachbarten Provinz Hadhramaut sehr häufig sind.“ Von Hadhramaut aus, dessen Küste sich jetzt freilich beträchtlich weiter erstreckt als die Chatromotitis der Alten, wird beides, Weihrauch und Myrrhe, nebst arabischem Gummi, Drachenblut und Aloe, noch immer nach Indien ausgeführt [2]. Mehr darüber zu pag. 782.

Kap. 4. §. 5. p. 769. C., III. p. 387. St., III. p. 291. G. „Artemidoros sagt, ... vor Myoshormos lägen drei Inseln, zwei derselben von Oelbäumen überschattet.“

An der Hand des Artemidoros führt uns Strabon jetzt zuvörderst längs der afrikanischen, sodann längs der arabischen Küste des rothen Meers vom Norden bis zum äußersten bekannten Süden. Ueber die hier vorkommenden sogenannten Oelbäume sprach ich schon zu pag. 766., und gab die Parallelstelle des Agatharchides.

Kap. 4. §. 7. p. 770. C., III. p. 388. St., III. p. 292. G. „Hier (von dem Hafen Soteira aus) beginnt eine große Veränderung der Küste und des Busens ..... Das Meer wird untief,

---

2) Niebuhr, Beschreibung von Arabien S. 283., und daraus bei Ritter a. a. O. XII. S. 610.

kaum über einen Faden tief, die Oberfläche grasgrün vermöge des durchscheinenden Seemooses und Tangs, der auf dieser Strecke sehr häufig ist, wo sogar Bäume im Wasser umherwachsen .... Dann folgt eine mit Oelbäumen bewachsene überschwemmte Insel. Nach dieser folgt Ptolemais."

Μνῖον und *φῦκος*, was ich Seemoos und Tang übersetzte, kommt wie auch *βρύον* und *φῦκος* bei den Alten sehr häufig neben einander vor zur Bezeichnung von Algen. *Μνῖον* und *βρύον* bedeuten indeß zunächst Moos; auf die Algen angewandt verstand man darunter also vermuthlich jene zarteren Arten oder früheren Zustände der derberen, die oft gleichsam einen Moosteppich unter Wasser bilden. Dann bleibt *φῦκος* zur Bezeichnung der größeren Arten und Formen, besonders unserer Gattung Fucus übrig.

Daß sogar Bäume im Wasser umherwachsen, scheint sich auf die größeren Korallinen zu beziehen. Bezeichnender und nur auf den ersten Blick anscheinend wunderbar beschreibt Agatharchides[1]) die Korallinen des rothen Meers. „Hier, sagt er, ist auch ein Gewächs in der Tiefe zwischen den Klippen der Schwarzbinse ähnlich. Die Umwohnenden, bestrebt der mythi-

[1]) Agatharch. apud Photium, codex. 250, cap. 53. pag. 1375. edit. Hoeschelii.

schen Erfindung treuen Glauben zu verschaffen, nennen es das Haar der Isis. Da die ganze Masse weich und der anderer Gewächse gleich ist, wird es vom Wellenschlage hin und her gebogen; abgeschnitten und an die Luft gebracht, wird es aber sogleich härter wie Eisen." — Die Entstehung dieser Fabel ist augenscheinlich: unter der bewegten Oberfläche des Wassers scheinen die Korallinen, in Folge einer optischen Täuschung zu flottiren; erst in der Luft nimmt man ihre Festigkeit wahr.

Wegen der Oelbäume verweise ich wieder zu pag. 766.

Kap. 4. §. 9. p. 771. C., **III.** p. 390. St., **III.** p. 295. G. „An diesen Strömen (dem Astaboras, dem Astapos und dem Astasobas, die sich bei Meroë mit dem Nil, — richtiger zum Nil, — vereinigen) wohnen die Wurzelesser und Sumpfmänner, so benannt, weil sie aus dem anliegenden Sumpfe Wurzeln graben und dieselben, mit Steinen zerstoßen, zu Kuchen bilden, die sie an der Sonne rösten und verzehren .... Nahe dabei sind auch die Samenesser, die sich, in Ermangelung der Samen, von Baumfrüchten nähren, welche sie eben so, wie die Wurzelesser die Wurzeln, zubereiten ..... Nach Eläa folgen des Demetrios

Warten und Konon's Altäre. Im Mittellande wächst eine Menge indischen Rohrs. Die Landschaft heißt des Korakios Land."

Strabon läßt sich hier durch Artemidoros, seinen Führer, von der Küste des rothen Meers etwas weit westlich bis zum Nil und seine beiden Hauptnebenflüsse unweit Meroë ablenken, kommt aber später bei der Beschreibung Aegyptens nochmals auf dieselbe Gegend zurück, und schöpft dort pag. 821. zum zweiten mal aus derselben Quelle, und zwar so, daß eine Stelle die andere ergänzt. Dort heißt es nämlich: „Einige (Aethiopen) essen Kraut und zarte Sprossen und Lotos und Rohrwurzeln u. s. w." Das Rohrwurzelessen geht, wie wir aus einer gleich anzuführenden Parallelstelle des Agatharchides sehen werden, auf die Wurzelesser, das Krautessen nach einer andern Parallelstelle desselben auf die Sameneßer.

Die erste Stelle [1]) lautet: „Aus den umliegenden Sümpfen graben sie (die Anwohner des Flusses Astaboras bei der Insel Meroë) die Wurzeln der Rohre (τῶν καλάμων; Strabon pag. 821. sagt καλάμου) aus, welche sie waschen, mit Steinen zu Pulver zerstoßen und, nachdem sie einen feinen Teig daraus gemacht, zu Kuchen formen, kaum so groß wie eine Hand; dieser, an der Sonne geröstet bedienen sie sich zur

---

1) Agatharchid. apud Photium, cod. 250. pag. 1352. edit. Hoeschelii.

Speise[2]." — Das muß die von den ältesten Zeiten her in Aegypten gefeierte Wurzel des Arum Colocasia sein. Die Vergleichung dieser Pflanze mit einem Rohr oder gar mit dem vorzugsweise also genannten Kalmus hat zwar für uns etwas Befremdendes; indeß sagt auch Dioskorides[3]), der das Kolokasion merkwürdiger Weise für die Wurzel der ägyptischen Bohne (des Nelumbium speciosum) hielt: „Ihre Wurzel ist dicker als ein Rohr (oder als die des Kalmus, — παχυτέρα καλάμου) ... und wird Kollokasia genannt."

Die andere Parallelstelle ist folgende[4]): „An die genannten (die Wurzelesser), sagt er (Agatharchides) schließen sich die (von ihnen) wenig verschiedenen Baum- und Sameneſſer. Dieselben genießen während des Sommers die von den Bäumen fallende Frucht; außerdem halten sie sich an ein Kraut, das in schattigen Schluchten wächst, von harter Beschaffenheit, und einen Stengel treibend, ähnlich der sogenannten Bunias[5])." — Dieses Krauts gedenkt Strabon hier gar nicht; Seite 821. nennt er auch nur ganz allgemein Kraut (πόα), fügt aber hinzu: „und zarte Sprossen und Lotos und Rohrwurzeln." Letztere sind, wie wir sahen, die Nahrung der Wurzel-

[2]) Dieselben Worte hat auch Diodor. Sicul. III. cap. 22.

[3]) Dioscorid. II. cap. 128.

[4]) Agatharchid. l. c. cap. 23.

[5]) Eben so bei Diodor. Sicul. III. cap 23.

esser; für die Baum- und Sameneffer behalten wir also als Baumfrucht den Lotos, und zwar hier unstreitig Ziziphus Spina Christi, den Sidr der Araber, dessen Frucht bei den Arabern Nabek heißt; als Kraut oder Sprossen die bei Strabon nicht genannte, der Bunias ähnliche Pflanze. Bunias war bei den Griechen eine geringere Rübenart, vielleicht, wie Sprengel zum Dioskoridos vermuthet, Brassicae campestris var. Napobrassica. Um nun diese Pflanze wieder zu finden, müssen wir sie in der wenigstens einigermaßen bekannteren Flora Abyssiniens suchen; denn eine Pflanze, die von Aegypten aus erst um Meroe zu wachsen anfing, müßte einen wunderbar engen Verbreitungskreis haben, wenn sie nicht bis Abyssinien wüchse; und eine Pflanze, die einem ganzen Volksstamm zur Hauptnahrung diente, hat schwerlich aufgehört genossen zu werden. Nun finde ich bei Bruce, Richard und Roth nur eine einzige Pflanze, die der des Agatharchides zu entsprechen scheint, wiewohl sie von unsern Rüben himmelweit verschieden ist, ich meine die Pflanze, welche Bruce [6]) Ensete nennt, deren Richard [7]) unter Musa paradisiaca zweifelnd erwähnt, da er nur mangelhafte Exemplare sah, welche Roth [8]) aber unbedenklich für eine Urania erklärt, ohne ihr einen specifischen Namen

[6]) Bruce, deutsch von Cuhn, II, Anhang S 57. ff.
[7]) Richard, tentamen flor. Abyssin. II. pag 304.
[8]) Roth, in Harri's Reise, II., Anhang.

beizulegen. Der Ausspruch klingt paradox, ich will ihn zu begründen versuchen Ueber das Vorkommen der Ensete sagt Bruce, sie solle in Narea (Enarea) zu Hause und durch die Gallas verbreitet sein, komme aber zu Gondar (kaum vier Grad südlicher und beträchtlich höher als Meroe) zu großer Vollkommenheit, und sei in Maitscha (Matscha auf Harri's Karte) und Gutto (einige dreißig Meilen südlicher) fast die einzige Nahrung der Gallas. Ueberhaupt wachse sie allenthalben in Abyssinien, wo es ihr nicht an Hitze und Feuchtigkeit fehle. Hiernach scheint ihre Verbreitung von Enarea aus sehr unwahrscheinlich, ihr Vorkommen bei Meroe sehr wahrscheinlich. Genossen wird von der Pflanze das Innere des Stengels, den man über der Wurzel oder, wenn die Pflanze älter ist, höher abschneidet und schält. Ist er erst stark belaubt, so wird er hart und faserig. Man bereitet ihn zu wie Rüben. Womit anders als mit Rüben konnte der Grieche, der keinen Pisang kannte, und vielleicht nichts von ihr als die abgeschälten Stengelstückchen gesehen hatte, die Pflanze vergleichen? Es fragt sich nur, ob man sie um Meroe wiederfinden wird.

Nachdem Strabon jetzt einige Punkte an der Seeküste bezeichnet hat, wirft er den Blick sofort wieder ins Innere des Landes, in die Nilgegend unter entsprechender geographischer Breite. Hier findet er in Menge indisches Rohr, und hier fanden es in neuester Zeit die Expeditionen, welche Mehemet Ali den Nil hinaufsandte. Ritter[9]) nennt „den westlichen Nilarm, den weißen Strom, zu beiden Seiten seiner Ufer von ungeheuren Schilf- und Bambos wäldern begleitet, deren Sumpfrevier die wahre Domäne des Elephanten geblieben sind.“ Nur die Art des Bambosrohrs, die hier wächst, kennen wir noch nicht. Aus Abyssinien, was freilich nicht bis hier hinabreicht, beschrieb Richard[10]) eine einzige von Quartin Dillon und Schimper gefundene Art, Bambusa Abyssinica, die durch ihre spiculae circumcirca imbricatae von allen bekannten Gräsern abweicht. Ob es aber dieselbe Art ist, die sich am Nordrande Abyssiniens ausbreitet, bleibt vorerst zweifelhaft.

Kap. 4. §. 13. p. 773. C., III. p. 393. St., III. p. 298. G. „Bei einigen (dieser Nomaden um Deire) wächst nicht wenig Styrax.“

Deire lag an der Meerenge Bab Elmandeb In dieser Gegend kennen Neuere weder den Baum Styrax officinalis, den wir pag. 570. in Klein Asien fanden, noch sein Product als Waare, ausgenommen Hayne[1]), der den Baum ohne Angabe seiner Quellen in Syrien, Palästina, Aethiopien, Arabien,

9) Ritter, ein Blick in das Nil-Quelland. Berlin 1844, S 11. — Von dem Quellenreichthum, dessen Ritter S 54. dieser kleinen Schrift erwähnt, blieb mir leider das meiste verschlossen.

10) Richard, tentam fl. Abyssin. II. pag. 439.

1) Hayne, Arzneigewächse XI. Seite 23.

Griechenland, Frankreich und Italien wachsen läßt. Doch schon die Thatsache, daß er in Frankreich wirklich, wenn auch vielleicht nur verwildert, dem Klima trotzt, widerlegt sein Vorkommen unter Deire's Gluthhimmel. Ohne Zweifel verwechselte man mit dem ächten Styrax ein anderes Product, vielleicht das Bdellion, welches nach Dioskorides [2]) aus Petra in Arabien kam, und ein Product der Dumpalme, Hyphaene crinita, zu sein scheint [3]).

Kap. 4. §. 14. p. 773. C., III. p. 394. St., III. p. 300. G. „Die ganze Küste, nicht nur innerhalb der Meerenge (bei Deire), sondern auch weit außerhalb, hat Palmen= Oliven= und Lorbeerwälder..... Auf Deire folgt zunächst das Gewürzland, und zwar erst das myrrheliefernde.... Hier wächst auch die Persea und die ägyptische Feige."

Von den vermeinten Oel= und Lorbeerbäumen sprach ich zu pag. 766., und es bedarf kaum der Bemerkung, daß wahre Oel= und Lorbeerbäume hier, tief in der heißen Zone, unmöglich wären.

Von der Myrrhe werde ich zu pag. 782. sprechen.

---

2) Dioscor. I. cap. 80

3) Doch vergleiche man über das Bdellion Strumpf systemat. Handbuch der Arzneimittellehre I. S. 728. 729. und besonders die Anmerkung Nr 2. dazu.

Mit der Geschichte der Persea beschäftigten sich in neuerer Zeit vor Andern Schreber [1]) Sylvestre de Sacy [2]) de Lile [3]) Sprengel [4]) und Schneider [5]). Schreber hielt diesen hochgepriesenen Baum für unsre Cordia Myxa; de Sacy widerlegte ihn und bewies, daß die Persea der Alten oder der Lebekh der Araber schon unter römischer Herrschaft in Aegypten selten ward, unter arabischer ganz verschwand. De Lile, der selbst in Aegypten war, fand dort seine Balanites Aegyptiaca, und glaubte in ihr die Persea zu erkennen. Ihn widerlegten Sprengel und Schneider, jener, ohne sich auf de Sacy's Gegengründe einzulassen, zu Schrebers Meinung zurückkehrend; dieser wie de Sacy mit dem negativen Resultat zufrieden. Mich überzeugten

---

1) Schreber, de Persea Aegyptiorum, programma I, Erlang. 1787; abgedruckt in Römer und Usteri Magazin f. d. Botanik, Stück IV. S. 46. ff. — Programma II. et III., ibid. 1788; abgedr. daselbst Stück V. S. 14 ff — Programma IV, ibid. 1791; abgedr. in Usteri Annalen der Botanik Stück IV. S 71 ff.

2) Abd-Allatif, relation de l'Egypte. Traduit par S. de Sacy. Paris 1810, 4to: pag. 47. sqq.

3) Raffeneau De Lile, mémoire sur les plantes qui croissent spontanement en Egypte; — in der Description de l'Egypte. Seconde edit. Tom. XIX., 1824. pag. 263. sqq., planche 28 Fig. 1.

4) Sprengel, in seinen Commentaren zu Theophrastos S. 130., und Dioskorides pag 424.; das meiste wörtlich aus Schreber entlehnt.

5) Schneider in seiner Ausgabe des Theophrastos vol. III. pag. 284, in dem später erschienenen vol. II. pag 481. und im Index rerum et verborum vol. V. pag 477.

diese Untersuchungen vollkommen, daß weder an Cordia Myxa noch an Balanites Aegyptiaca zu denken ist, sondern daß die Persea nothwendig eine Ebenacee sein muß. Das Holz dieses Baumes nennt Theophrastos fest schön und schwarz, und wie hervorstechend diese Eigenschaften, wie außerordentlich beliebt und gesucht das Holz sein mußte, lehrt die von de Sacy beigebrachte Verordnung des justinianischen Codex, welcher, unstreitig um der gänzlichen Ausrottung des köstlichen Baums entgegen zu wirken, so Käufer wie Verkäufer der ägyptischen Persea mit hoher Geldstrafe bedrohte. Dazu die angenehm süße Frucht. Dies beides, solches Holz und solche Frucht verbunden, verräth unwidersprechlich die Familie der Ebenaceen. Einheimisch war aber die Persea in Aegypten nicht, sondern aus Aethiopien eingeführt; hier also müssen wir sie wieder suchen, nachdem sie dort, wo ihr das Klima vielleicht weniger zusagte, verschwand. Strabon erwähnt ihrer an den beiden äußersten Enden des Landes, bei der Meerenge Bab Elmandeb und pag. 822. in der Gegend von Meroë. War dies, wie es scheint, die Nordgrenze ihres spontanen Vorkommens, so dürfen wir erwarten, daß sie sich tief in den Süden hinein erstreckte. Zwar kannte de Candolle [6]) im Jahr 1844 noch keine einzige äthiopische Ebenacee, und Richard [7])

---

6) De Candolle, prodromus etc. VIII. pag. 244. sqq.

7) Richard, tentamen florae Abyssinicae, II. pag. 24. sqq.

dem alle bis jetzt in jenem Lande gemachten Sammlungen mit Ausnahme der englischen zu Gebot standen, beschreibt deren nur zwei, eine strauchartige Euclea und Schimpers Diospyros mespiliformis, einen sehr hohen Baum mit eßbaren Pflaumen, der vielleicht unsere Persea sein kann. Doch schwerlich ist damit der Reichthum des Landes an Ebenaceen erschöpft. Schon Strabon selbst nennt pag. 822. in der Gegend von Meroë neben der Persea noch den Ebenos, den eigentlichen Ebenholzbaum jenes Zeitalters, den noch kein Botaniker wiederfand; und nirgends erstreckt sich die sonst auf die heiße Zone beschränkte Familie der Ebenaceen weiter in beide gemäßigte Zonen hinein, nirgends ist sie reicher an Arten, als gerade in der Längen-Parallele Aethiopiens, in der sie südlich über Madagaskar und Port Natal bis in die Nähe der Capstadt, nördlich bis zu den europäischen Gestaden reicht.

Die ägyptische Feige, Ficus sycómorus, werden wir pag. 823. in Aegypten wiederfinden. Sonst ist nichts von ihr zu sagen.

Daselbst p. 774. C., III. p. 394. St., III. p. 300. G. „An dieser Küste bis zum Vorgebirge des Pytholaos sind zwei sehr große Seen, der eine, den man das Meer nennt, mit salzigem, der andere mit süßem Wasser. Dieser nährt auch Flußpferde und Krokodile und am Ufer das Papierschilf.... Nach diesen folgt das Weihrauchland. Auch hier ist eine Landspitze und ein Tempel mit einem Pappelhain (αἰγειρῶνα ἔχον); im Innern aber ist das sogenannte Flußbette der Isis nnd das des Neilos, beide mit Myrrhe und Weihrauch bewachsen. Die folgende Landschaft liefert auch unächte Kassia. Gleich darauf folgen mehrere Flußbetten mit Weihrauch bewachsen und Flüsse bis zum Zimmetlande, und der dasselbe begrenzende Fluß trägt auch viel Phloos (φλοῦν). Dann ein anderer Fluß und der Hafen Daphnus und das sogenannte Flußbette des Apollon, das außer Weihrauch auch Myrrhe und Zimmet liefert; dieser wächst jedoch häufiger bei den Orten tiefer im Lande."

Die beiden Seen, den süßen und den salzigen, findet man auf Zimmermanns Karte zur Darstellung des obern Nillandes und des östlichen Mittelafrikas 1843 [1]). Das in dieser Stelle mehrmals vorkommende Wort ποταμία, von ποταμός Fluß, übersetzte ich Flußbette; es kann wohl nur die in jenen Gegenden häufigen, von den Arabern Wadi genannten Schluchten

1) Verkleinert auch bei Ritter, ein Blick in das Nil-Quelland. Berlin, 1844, 8vo.

und Flußbetten bedeuten, die zur Regenzeit Wasser führen, sonst aber trocken liegen. Und nun zu den Pflanzen.

Πάπυρος, Cypérus Papýrus, welcher im Nildelta immer seltener wird, fand sich bei den neuern Reisen in die oberen Nilgegenden in ungefähr gleicher Breite mit der Meerenge Bab Elmandeb ja sogar noch in den Niederlanden Ifat's am Südostrande Abyssiniens [2]) so häufig, daß der von Strabon angegebene Standort uns nicht mehr befremden kann [3]).

Was über die hier genannten Gewürzpflanzen zu sagen ist, verschiebe ich bis zu pag. 782.

Die angeblichen Pappeln bildeten einen Tempelhain. Sie können kaum etwas anderes sein als Ficus populifolia Vahl, die Forskål mit der Ficus religiosa verwechselte. Beide werden in ihrem Vaterlande noch jetzt für heilig gehalten. Botta [4]) beobachtete beide in dem gegenüberliegenden Yemen; erstere finden wir auch bei Richard [5]) als Bewohnerin

---

2) Roth im Anhange zu Harris, Gesandtschaftsreise nach Schoa, S. 20.

3) Richard, der sein tentamen florae Abyssinicae (ohne Jahrszahl) auf die bis 1843 nach Paris gekommenen Sammlungen gründete, und weder Harri's Reise nach Abyssinien noch die zahlreichen neuern Reisen nach dem obern Nillande kannte, gedenkt des Cyperus Papyrus (II pag. 480.), ohne abyssinische Exemplare gesehen zu haben, nur nach Bruce.

4) Botta, relation d'un voyage dans le Yémen. Paris, 1841, 8vo; pag. 73.

5) Richard l. c. II. pag. 205.

Abyssiniens. Die Aehnlichkeit ihres Laubes mit dem der Schwarzpappel (αἴγειρος) ist in der That auffallend.

Phloos oder nach attischer Mundart Phleos bezeichnete in Griechenland selbst unser Saccharum cylindricum. Der äthiopische Phloos ist demnach unzweifelhaft das jenem nahe verwandte Saccharum spontaneum Linn. (biflorum Forsk., Aegyptiacum Willd.), welches schon in Aegypten an die Stelle jenes andern tritt und wie Forskål[6]) versichert, Richard[7]) wiederholt, höher als eines Menschen Länge aus dem Wasser emporragt.

Kap. 4. §. 17. p. 776. C., III. p. 397. St., III. p. 305. G. „Das Getränk der Gemeinen (unter den Troglodyten) ist ein Aufguß des Paliuros, das der Häuptlinge ein Honigmeth, wozu man den Honig aus einer gewissen Blume preßt."

Hier vermissen wir jede nähere geopraphische Bestimmtheit; denn Troglodytike umfaßt bei Strabon (z. B. pag. 769. und öfter) beinahe die ganze afrikanische Küste des rothen Meers.

Paliuros kann Ziziphus Spina Christi sein, der nebst ein paar weniger bekannten Arten derselben Gattung, deren Früchte genossen werden, zu

---

6) Forskål, flor. Aegyp. Arab. pag. 16.

7) Richard, tentam. flor. Abyssin. II. p. 445.

beiden Seiten des rothen Meers vorkommt. Wahrscheinlicher ist mir eine Verwechselung mit der so nahe verwandten Gattung Rhamnus, aus der man die Blätter zweier Arten, des Rh. parviflorus und Rh. Staddo in Abyssinien statt des Hopfens zur Bierbereitung anwendet [1]).

Die Honigblume, woraus die Häuptlinge ihren Honig pressen sollen, weiß ich, wenn es wirklich eine Blume war, und wenn wirklich Honig durch Pressen durchaus gewonnen ward, nicht zu deuten. Etwas minder auffallend lautet indeß offenbar dieselbe Nachricht bei Agatharchides [2]) und Diodoros dem Sikelier [3]): „Diese (die Troglodyten), nämlich der große Haufe, bedienen sich zum Getränk eines Aufgusses des Paliuros; die Häuptlinge aber trinken eine Zubereitung aus einer gewissen Blume, einem schlechten Meth vergleichbar.“ Vielleicht ist jedoch auch diese Nachricht nicht ganz genau; vielleicht verwechselte man zarte Blattknospen mit Blumen, was noch jetzt einem Nichtbotaniker wohl einmal begegnen kann. Wäre das, so läge die Deutung auf Catha edulis Forsk. (C. Forskalei Richard., Celastrus edulis Vahl.) nahe. Noch jetzt dienen die Blattknospen dieser Pflanze den vornehmeren Abyssiniern und Arabern theils zum

---

[1]) Richard, tentam. flor. Abyssin. I. pag. 137. et 138.

[2]) Agatharchid. apud Photium codic 250. cap. 30. pag. 1358. edit Hoeschelii.

[3]) Diodor. Sicul. III. cap. 31.

Käuen, theils zur Bereitung eines Getränks, daher Quartin-Dillon[4]) sie den abyssinischen Thee nannte. Mehrere Nachrichten darüber sammelte Ritter[5]), und am ausführlichsten aus eigner Erfahrung berichtet darüber Botta[6]), und versichert, daß die Blätter der wildgewachsenen Pflanze förmlich berauschten, während die der cultivirten nur angenehm erregten.

Kap. 4. §. 18. p. 777. C., III. p. 400. St., III. p. 309. G. „Dann folgen drei menschenleere mit Oelbäumen bewachsene Inseln, doch nicht mit den unsrigen, sondern den dort einheimischen, die wir die äthiopischen nennen, und deren Saft heilende Kräfte hat."

Vom Cap Gardafui, dem südlichsten Punkte der ostafrikanischen Küste, der den Alten bekannt war, versetzt uns Strabon plötzlich wieder zurück zum äußersten Norden des rothen Meers, um uns nunmehr, wieder an Artemidoros Hand, die arabische Küste des rothen Meers entlang nach Süden zu führen.

Ueber den äthiopischen Oelbaum, unsere Avicennia officinalis, sprach ich ausführlich zu pag. 766. Nur noch eine Bemerkung zu Dioskorides

---

4) Bei Richard l. c. I. pag. 134. sqq.

5) Ritter, Erdkunde XII. S. 795. ff.

6) Botta, in den Archives du Muséum d'hist. naturelle de Paris II. pag. 72.

sei mir hier gestattet. Daß er I. cap. 141. (nach Sprengels Ausgabe) vom Harz des äthiopischen Oelbaums handelt, führte ich am genannten Ort bereits an. Kurz, doch nicht unmittelbar vorher, cap. 136., handelt er vom wilden Oelbaum (ἀγριέλαια) „den Einige Kotinos nennen, [Andere den äthiopischen Oelbaum].“ Diese hier eingehakten Worte halte ich für einen späteren ganz unrichtigen Zusatz, der die Geschichte des ohnehin schon so dunklen Kotinos (man vergleiche, was Sprengel [1]) was Schneider [2]) und was Fraas [3]) darüber sagen) vollends verdunkelt.

Kap. 4. §. 19. p. 778. C., III. p. 401. St., III. p. 311. G. „Es folgt der Sabäer hochbeglücktes Land, bei denen Myrrhe, Weihrauch und Zimmet wächst, an der Küste auch Balsam und ein anderes sehr wohlriechendes, doch den Geruch schnell verlierendes Kraut. Dort sind auch wohlriechende Palmen und der Kalmus.... Bei den Sabäern wächst auch das Larimnon, das wohlriechendste Räucherwerk.“

---

1) Dioscorid. opera, edid. Sprengel. II. pag. 406.

2) Theophrasti opera, edid. Schneider, V. pag. 424. sqq. sub voce κότινος.

3) Fraas, synops. flor. classic. S. 226.

Ueber den Weihrauch die Myrrhe und den Zimmet werde ich zu pag. 782. sprechen.

Der Balsamstrauch, Balsamodendron Opobalsamon (wovon B. Gileadense vielleicht nur Varietät ist) hat in der That in den sabäischen Gebirgen seine wahre Heimath. Am nördlichsten in Arabien, auf dem Gébel Çubh (wörtlich dem Gebirge des Aufgangs) beobachteten ihn entweder selbst oder gaben uns doch Nachricht über ihn Bruce[1]) Burckhardt[2]) und Wellsted[3]). Von hier aus wird vorzugsweise sein Product, der Meckabalsam, in die Häfen Jembo und Gidda zu Markt gebracht. Südlicher, in den Gebirgen bei Häs nicht weit von Moktha beobachtete ihn Forskål[4]) und neuerlich Botta[5]), am südlichsten unweit Aden und sogar auch jenseits des Meers in Afrika am Südostrande Abyssiniens, meist in Gesellschaft des Myrrhenbaums, Roth[6]) der Begleiter Harri's. Von Arabien aus offenbar nur verpflanzt,

---

1) Bruce, in der schon angeführten deutschen Ausgabe seiner Reise, wo dasselbe Gebirge in etwas veränderter Aussprache Azab genannt wird, II., Anhang S. 48.

2) Burckhardt, travels in Arabia, pag. 305.

3) Wellsted, Reisen in Arabien. Deutsch von Rödiger, II. S. 184.

4) Forskal, flora Aegypt. Arab. pag. 79.

5) Botta, relation d'un voyage dans l'Yémen, pag. 25.

6) Harri, Gesandtschaftsreise nach Schoa, II. Anhang, S. 35. – Auszüge aus vorstehenden Werken über den Balsamstrauch auch bei Ritter, Erdkunde XII. S. 799., 802., 908. und XIII. S. 143.

und in seiner Gefangenschaft eifersüchtig bewacht, daß er sich nicht weiter verbreiten sollte, fanden wir ihn schon früher bei Strabon pag. 755. und 763. im Garten zu Jericho.

Die ungenannte und nicht näher bezeichnete Pflanze von sehr angenehmem Geruch in einem Lande, wo so vieles duftet, bestimmen zu wollen, wäre vermessen. Eine Parallelstelle über sie bei Agatharchides [7]) und gleichlautend bei Diodoros [8]), weit entfernt uns über sie aufzuklären, macht die Deutung vollends unmöglich. Gleichwohl führe ich sie an. Der Schauplatz ist auch in ihr das Land der Sabäer, und da heißt es: „Am Meere selbst wächst viel Balsam sowohl wie Kasia, und noch ein anderes Kraut (das Wort πόα fehlt bei Agatharchides, muß aber aus Diodoros und Strabon eingeschaltet werden), frisch dem Auge die süßeste Ergötzung, doch so vergänglich, daß sich der Nutzen des Gewächses früher, als es bei uns zur Anwendung kommen kann, verliert.“ Dazu ist zweierlei zu bemerken. Erstlich hat der Ausdruck πόα Kraut hier offenbar eine weitere Bedeutung wie gewöhnlich, da weder der Balsamstrauch noch die Kassia, auf die er mit zu beziehen ist, zu den Kräutern gehören. Damit dürfen wir es also bei dem andern Kraut ebenfalls nicht zu streng nehmen. Zweitens

7) Agatharchid. apud Photium, cod. 250. cap. 50. pag. 1372. edit. Hoeschelii.

8) Diodor. Sicul III. cap. 45.

rühmt Agatharchides und nach ihm Diodoros nicht den Wohlgeruch, sondern den lieblichen Anblick der Pflanze (ἡδίστην τῶν ὀμμάτων τέρψιν, Agatharch; τοῖς ὄμμασι προσηνεστάτην τέρψιν, Diodor.). Strabon's σφόδρα εὐώδης, sehr wohlriechend, scheint demnach eine etwas willkürliche Verbesserung zu sein; und wollte man etwa σφόδρα εὐειδὴς, von sehr schönem Anblick lesen, so müßte man auch das gleich folgende ὀδμὴν Geruch in ὄψιν Ansehen verwandeln, was doch zu weit ginge. Doch wie dem sei, dem Wohlgeruch der Pflanze ist nicht zu trauen; und damit verschwindet uns jedes bestimmtere Merkmal derselben.

Die wohlrichenden Palmen deutete schon Ehrenberg [9]), der das Land kennt, auf unsern **Pandanus odoratissimus**, einen Strauch oder niedrigen Baum von so eigenthümlicher Gestalt, so stark und angenehm duftenden männlichen Blüthen, daß ihn kein Reisender unbemerkt ließ. Als Botta [10]) vor Tagesanbruch durch einen das Dunkel noch vermehrenden Wald ritt, erkannte er die Nähe des Pandanus doch

---

9) Ehrenberg de myrrhae et opocalpasi plantis particula I. (programma) Berolini 1841. fol., pag. 6.

10) Botta relation etc. pag 38 39. — In Ritters Erdkunde XII. S 804. lesen wir, Botta hätte die Berge bewachsen gefunden mit dem duftenden Pandanus und (sic!) einer Palmenart mit stark duftender Blüthe Das ist ein kleines Versehen, das und hat sich hier am unrechten Ort eingeschlichen: die Palme ist der Pandanus selbst.

am Geruch; und obgleich Botaniker, nennt er die Pflanze doch etwas unbotanisch eine Palmenart, deren Blüthe einen sehr durchdringenden Wohlgeruch aushauche, der die Araber veranlasse, ihren Turban damit wie mit einem Federbusch zu zieren. Forskål [11]), der die Pflanze unter dem Namen Keura odorifera beschreibt, vergleicht sie ebenfalls mit einer Palme und erzählt, man cultivire sie ihres Wohlgeruchs wegen, und verkaufe die frischen Blüthentrauben, ich weiß nicht wie theuer (für acht Chamase).

Ein leichtes Bedenken gegen diese Deutung könnten die gleichlautenden Parallelstellen des Agatharchides und Diodoros erregen. Ersterer fährt nach den oben angeführten Worten also fort: „Im Innern des Landes erheben sich dichte und hohe Wälder. Da wachsen hohe Myrrhen- und Weihrauchbäume, ferner Zimmetbäume, Palmen, Rohrbäume (δένδρα καλάμου) und mehr dergleichen, so daß sich gar nicht beschreiben läßt, was die, welche es durch die Sinne wahrnehmen, empfinden." Hier stehen die Palmen zwar zwischen lauter duftenden Pflanzen, doch wird ihnen speciell kein Wohlgeruch zugeschrieben. Indeß werden all diese Bäume zu dem ausgesprochenen Zweck aufgezählt, um daraus den Wohlgeruch, der über dem ganzen Lande schweben soll, und den Diodoros sogar bis weit über das nahe Meer sich verbreiten läßt, zu erklären.

11) Forskål flora Aegypt. Arabic. pag. 172.

Könnten nach dem allen die duftende Palme und jene vorzüglich schöne oder nach Strabon auch duftende Pflanze nicht am Ende eine und dieselbe sein?

Auch über den arabischen Kalmus leitet uns jene Stelle des Agatharchides auf eine neue Spur: es war nicht die sonst bekannte Staude dieses Namens, sondern ein baumartiges Gewächs rohrartigen Wuchses im Innern des Landes. Das könnte unser Drachenblutbaum, Dracaena Draco [12]) sein, eine der auffallendsten Pflanzenformen Arabiens, die sich nicht wohl übersehen ließ, wenn nur nicht der arabische Kalmus so oft, wie auch hier, unter den wohlriechenden Pflanzen Arabiens genannt würde. Ich berufe mich nicht auf Plinius [13]), der offenbar, was Theophrastos [14]) vom syrischen, Dioskorides [15]) vom indischen Kalmus sagen, nach seiner Weise blindlings zusammengewürfelt auf den arabischen überträgt; sondern auf das Rohr des Wohlgeruchs bei Moses [16]), Jesaias [17]), Ezechiel [18]) und andern altjüdischen Schriftstellern, bei denen allen die siebenzig Dolmetscher die hebräischen Ausdrücke durch κάλαμος εὐώδης übersetzen. Diesen Zeugnissen gegenüber bleibt uns nur übrig,

12) Kunth enumeratio plantarum V. pag. 3.
13) Plin. hist. nat. XII. cap. 22 sect 48.
14) Theophrast hist. plantar. IX. cap. 7.
15) Dioscorid. I. cap. 17.
16) Mosis II. (Exodus) cap. 30. vers. 23.
17) Jesaias, cap. 43. vers. 24..
18) Ezechiel, cap. 27. vers. 19.

die Entdeckung einer noch unbekannten in Arabien einheimischen Scitaminee zu erwarten. Schon Forskål[19]) führt deren zwei, Amomum Zingiber und Curcuma rotunda, in seiner arabischen Flora auf, jedoch beide nur als Culturpflanzen.

Das Larimnon kommt nur noch einmal als Larimnan bei Agatharchides[20]) vor. Er sagt: „Sie (die Sabäer) verschiffen allerlei, vornehmlich eine wohlriechende Frucht, die weiter hinaus (ἐν τῷ πέραν) wächst. Arabisch wird sie Larimnan genannt. Sie hat unter allen Räucherwerken den stärksten Wohlgeruch, und überwindet, wie man sagt, fast jedes körperliche Uebel." In Indien, nicht in Arabien selbst, haben wir demnach das Vaterland dieses arabischen Handelsartikels zu suchen, und wer dächte hier nicht unter den dortigen Früchten zuerst an die Muskatnuß? Zu den Griechen und Römern gelangte sie zwar erst spät, indeß will man sie sogar schon im Munde einer ägyptischen Mumie gefunden haben[21]). Auch scheint sie unter anderem Namen, als Komakon schon bei Theophrastos[22]) vorzukommen. Der angeblich arabische

---

19) Forsk. flora Aegypt. Arabic. pag. CII.

20) Agatharchides apud Photium l. c. cap. 50. pag. 1373.

21) Ich kenne diese Nachricht leider nur aus abgeleiteter Quelle, aus Strumpf's systemat Handbuch der Arzneimittellehre I. (1848) S 677. Als Finder wird daselbst Bonastre genannt, der jedoch die Sache anders erklärt zu haben scheint.

22) Theophrast. hist. plantar. IX. cap. 7. sect. 2.

Namen Larimnon oder Larimnan muß indeß jedenfalls entweder sehr entstellt oder nicht ächt arabisch sein; denn im Arabischen sind die Buchstaben L. und R. sogenannte unverträgliche, die niemals in zwei auf einander folgenden Sylben Platz finden. Sprengel[23]), dem die Parallelstelle des Agatharchides entgangen war, der also nicht wußte, daß es eine Frucht sei, erklärt das Larimnon mit gewohnter Sicherheit für ein Ladanum, aber ein arabisches, welches die Ismaeliten aus Gilead (!) nach Aegypten brachten.

Kap. 4. §. 25. p. 782. C., III. p. 408. St., III p. 321. G. „Von den Gewürzen sagt man, der Weihrauch und die Myrrhe kämen von Bäumen [der Zimmet von Sträuchen], die Kassia aber auch aus Sümpfen; doch die meiste, sagen Einige, aus Indien, und der beste Weihrauch wäre der persische..... Das Myrrhen- und Weihrauchland liefern beide auch Kassia Zimmet und Narde.... Der meiste Wein kommt von den Palmen.“

Ich muß hier eine kritische Bemerkung vorausschicken, weil ich den Text für lückenhaft halte. Die gewöhnliche Lesart ist: λίβανον μὲν καὶ σμύρναν ἐκ

23) Sprengel, Geschichte der Botanik I. S. 17.

δένδρων γίνεσθαί φασι, κασσίαν δὲ καὶ ἐκ λιμνῶν — der Weihrauch und die Myrrhe kämen, sagt man, von Bäumen, die Kassia aber auch aus Sümpfen. Das ist freilich kein Gegensatz, weshalb Koraïs die Lesart κασσίαν δὲ ἐκ θάμνων, die Kassia aber von Sträuchen, — mit gutem Grunde vorzog. Ihm scheint jedoch folgende Parallelstelle bei Arrianos[1]) entgangen zu sein. Dieser Schriftsteller untersuchte die Gründe, weshalb Alexandros auch Arabien erobern wollte, und da heißt es: τῆς τε χώρας ἡ εὐδαιμονία ὑπεκίνει αὐτόν, ὅ ἤκουεν ἐκ μὲν τῶν λιμνῶν τὴν κασίαν γίγνεσθαι αὐτοῖς, ἀπὸ δὲ τῶν δένδρων τὴν σμύρναν τε καὶ τὸν λιβανωτόν, ἐκ δὲ τῶν θάμνων τὸ κιννάμωμον τέμνεσθαι· οἱ λειμῶνες δὲ ὅτι νάρδον αὐτόματοι ἐκφέρουσι; — „und des Landes Vorzüge bewogen ihn, weil er hörte, aus den Sümpfen käme die Kassia, von den Bäumen die Myrrhe und der Weihrauch, von den Sträuchen werde der Zimmet geschnitten; die Wiesen aber trügen von selst die Narde. Dürfen wir nun annehmen, daß beide Schriftsteller aus derselben Quelle schöpften, so scheint die gewöhnliche Lesart bei Strabon ganz richtig, es sind aber offenbar die Worte κιννάμωμον δὲ ἐκ θάμνων, deren Uebersetzung ich, in Klammern eingeschlossen, in den Text aufzunehmen wagte, ausgefallen.

---

1) Arrian expedit. Alexandr. VII. cap. 20. sect. 4.

Ueber den Weihrauch handelte erst 1846 Ritter [2]) mit gewohnter Gründlichkeit, mißdeutete jedoch, wie mir scheint, eine von Wellsted gegebene Nachricht auf eine die ganze Untersuchung verschiebende Weise, konnte die fast gleichzeitig erschienene zweite Hälfte von Haines Denkschrift über Arabien noch nicht benutzen, noch weniger die neuern Werke über Abyssinen und die obere Nilgegend, denen wir die wichtigsten Aufklärungen über den Weihrauch verdanken. Ich werde daher hier etwas länger verweilen, und nach einander vom indischen persischen arabischen und afrikanischen Weihrauch sprechen.

Indischen Weihrauch kennt Strabon noch nicht. Denn die Worte unserer Stelle die meiste aus Indien, die man mit auf den Weihrauch bezog, gehen augenscheinlich nur auf die Kassia. Erst Dioskorides [3]) führt ihn an, und unterscheidet ihn von dem arabischen durch die gelbere Farbe. Er ist bekanntlich das Product der **Boswellia serrata** und **Boswellia glabra**.

Auch des persischen Weihrauchs gedenkt Strabon nicht in der Beschreibung Persiens, sondern nur hier im Vorbeigehen als eines Gerüchts. Entschiedener behauptet König Juba bei Plinius [4]) sein Vorkommen in Karmania, unserm Kerman. Nach ihm bis auf den

---

2) Ritter, Erdkunde XII. S. 356 – 372.
3) Dioscorid I. cap. 81.
4) Plin. hist. nat XII. cap. 14. sect. 31.

heutigen Tag erwähnt seiner aus derselben Gegend nur noch Chardin, und zwar auf eine mir sehr verdächtige Weise. Fünf mal, rühmt er sich [5]), den Weg von Ispahan nach dem persischen Golf, und zwar nach Bander-Abassi, also mitten durch Kerman gemacht zu haben; zwei dieser Reisen beschreibt er in großer Breite, ohne den Weihrauch nur zu nennen; lediglich in des Landes allgemeiner Beschreibung, worin auch ein mageres Kapitel von Bäumen Pflanzen und Arzneimitteln vorkommt, sagt er [6]): „die Gummi- Mastix- und Weihrauchbäume finden sich in großer Menge an verschiedenen Orten des Landes. Der Weihrauchbaum, der einem großen Birnbaum gleicht, wächst besonders im wüsten Karamenien auf den Gebirgen.“ Das ist nicht einmal so viel wie Charpentier, dessen Feder Chardin bei der Redaction seines Werks benutzt haben soll [7]), auf der Studirstube aus Plinius und Theophrastos entlehnen konnte. Schon pag. 767. fanden wir, Chardin's sonstiger Glaubwürdigkeit unbeschadet, eine sehr bedenkliche botanische Angabe desselben Kapitels; vor einer schärferen Kritik dürfte vielleicht das ganze Kapitel sich auflösen. An sich ist es gar nicht unwahrscheinlich, daß das südliche Persien Weihrauch erzeugt;

---

[5]) Chardin, voyages en Perse. Amsterdam 1711. 10 voll. in 8vo. (die Originalausgabe) IX. pag. 21.

[6]) Chardin, l c. IV. pag. 28.

[7]) Man vergleiche den Artikel Chardin in Brunet, Manuel du libraire. Edit IV.

als fest begründete Thatsache läßt es sich nach den angeführten Zeugnissen noch nicht betrachten.

Den arabischen Weihrauch, wovon die Alten am meisten sprechen, setzt Strabon pag. 768. nach Kattabania, unserm Omân, und pag. 778. ins Land der Sabäer, unser Yemen, also an die Südost- und Südwestspitze der Halbinsel. Dort suchte ihn Wellsted vergebens, hier kennen wir ihn wenigstens als Ausfuhrartikel der Haupthäfen. Als solchen traf ihn Wellsted aber am häufigsten zu Makalla in Hadhramaut, das heißt mitten zwischen den beiden von Strabon angeführten Gegenden; auf den Gebirgen Hadhramauts beobachteten zwei neuere Reisende, Cruttenden und Purser Smith den Weihrauchbaum selbst in seinem wilden Zustande. Wellsted[8]) sagt bei Makalla: „Zwei Weihrauchsorten kommen aus dem Innern hierher, um nach Indien ausgeführt zu werden; die eine Lubân genannt aus Hadhramaut selbst, eine schöne Spezerei, die in den Tempeln und Häusern als Räucherwerk gebraucht wird; die andere Lubân mati genannt minder wohlriechend, aber gewöhnlich zum Käuen verwendet." Woher das Lubân mati komme, wird nicht gesagt, und da es minder wohlriechend ist, so muß es dem Inder und Europäer, der den Weihrauch fast nur zum Räuchern benutzt, als eine geringere Sorte erscheinen. So nahm es auch Ritter, und neigte sich

8) Wellsted, Reisen in Arabien. Deutsch von Rödiger, II. S. 333.

wenigstens zu der Vermuthung, es sei ein dem ächten Weihrauch untergeschobenes Product von der gegenüberliegenden afrikanischen Küste. Es fragt sich: was bedeutet Lubân mati? Lubân ist Libanon, Weihrauch; was mati, ließ der gelehrte Orientalist Rödiger, dem wir die deutsche Ausgabe der Wellstedschen Reisen verdanken, unerklärt, vielleicht weil ihm das einzige Wort in den arabischen Wörterbüchern von Golius und von Freitag, was mit unsern Lettern so geschrieben werden könnte, nämlich ماتع, seiner Bedeutung nach hier nicht zu passen schien. Es bedeutet eximius, und wird in verschiedenem Zusammenhange bald groß, bald lang, bald gewichtig, bald stark, u. s. w. übersetzt. Hier kann es also nicht eine geringere Sorte des Weihrauchs, sondern es muß im Gegentheil den vorzüglichen, bedeuten. Und da die Araber in ihren Moscheen nicht räuchern, da sie sich des Weihrauchs vorzüglich zum Käuen bedienen, so scheint diese Bedeutung des Worts hier ganz gerechtfertigt. Wo, und von welchem Baum es gewonnen wird, bleibt zweifelhaft; nur so viel leuchtet ein, daß es keineswegs nothwendig von einem andern Baum und aus einer andern Gegend als das Lubân ohne Zusatz abgeleitet werden muß. Sagt doch schon Theophrastos 9), der Weihrauch von jungen Stämmen wäre weißer und von schwächerem Geruch, der von alten gelber und von stärkerem

---

9) Theophr. hist. plant. IX. cap. 4. sect. 7.

Geruch. Cruttenden, dessen Arbeit ich leider nur aus Ritter [10]) kenne, fand den Weihrauchbaum auf dem Subhân-Gebirge in Hadhramaut, und nennt ihn nach seinem Standorte, ohne verschiedener Weihrauchssorten zu erwähnen, den Subhânbaum, sein Product aber, wie wir gleich sehen werden, im Widerstreit mit seinem Nachfolger Kopal, Ich vermuthe demnach, daß es nicht der in Indien besonders geschätzte, sondern der von den Arabern selbst vorgezogene Weihrauch, Lubân mati sei. Ausführlicheres erfuhren wir erst von Purser Smith [11]), einem Officier, den Capitain Haines zur Durchforschung des Subhängebirges detachirte. Dieser berichtet: „Der von Morbât und Dhafár jährlich ausgeführte Weihrauch und Gummi arabicum variiren von 3000 bis zu 10000 Maunds. Das ist wenig gegen das, was geliefert werden kann, da die Bäume an den Berghängen und Thälern des innern Landes außerordentlich zahlreich sind, und eine Höhe von 15 bis 20 Fuß erreichen. Die Rinde ist grau von Farbe, leicht zu durchbohren, das Blatt breit.“ Wir kennen also den Weihrauch aus Hadhramaut in zweierlei Sorten; wir wissen, daß der Baum, der jedenfalls eine derselben, vielleicht beide liefert, auf dem Subhänge-

---

10) Ritter a. a. O. S. 301 und 302.

11) Capitain Stafford Bettesworth Haines, memoir of the South and East Coast of Arabia, part II.; in the Journal of the Royal geographical sociey of London, vol. XV. 1845, pag. 119. sq. — Später, S. 645. ff. seines Band XII. benutzte ihn auch Ritter schon.

birge daselbst in Menge wächst; botanisch kennen wir diesen Baum indeß noch nicht.

Strabons eigentliches Weihrauchsland lag jedoch nicht in Arabien, sondern diesem südlich gegenüber auf der weit vorspringenden Ostspitze Afrikas, die im Kap Gardafui endigt, im heutigen Lande der Somauli's. An derselben jenseitigen Küste, wie er sich ausdrückt, giebt auch der Alexandriner Arrianos im Periplus des rothen Meers [12]) ihn an; und an derselben Küste fand vor kurzem Kempthorn, dessen Arbeit ich leider wieder nur aus Ritter kenne, den Weihrauch und den Weihrauchbaum, den er beschreibt, dessen Beschreibung aber Ritter überging. Ich bemerkte schon früher, Ritter wäre geneigt dies Product für einen unächten Weihrauch, etwa für Wellsteds Lubân mati, zu halten. Ob er es noch ist? Ich glaube kaum. Denn schon kennen wir durch neuere Forscher Weihrauch aus noch zwei andern Gegenden Afrika's, der weit gerechteren Anspruch auf das Prädikat des ächten hat, als der indische, Nach Richard's Flora von Abyssinien [13]) wächst in diesem Lande in einer Höhe von etwa 4000 Fuß die Boswellia papyrifera, von den Einwohnern Makker oder Makar genannt, und es fließt aus diesem Baum „eine harzige durchscheinende blaß zitronengelbe Materie von angenehmem

---

[12]) Arriani Alexandrini periplus maris Erythraei, recens. Fabricius (1849) pag. 7. (edit. Hudson. pag. 6.)

[13]) Richard, tentamen florae Abyssinicae, I. pag. 148.

Geruch, die, wenn sie verbrannnt wird, weiße Dämpfe und den lieblichen Duft des indischen Weihrauchs verbreitet." Nach Russegger[14]) „zeichnet sich von Amyrideen die im Süden von Kordofan mit dem zwölften Grade der Breite zuerst auftretende Amyris papyrifera, der sogenannte Luban, ganze Wälder besonders an Bergabhängen bildend, besonders aus;" — wodurch die bisher vereinsamt stehende Nachricht bei Herodotos[15]), daß auch die Berge östlich vom Nil über Heliopolis hinaus Weihrauch trügen, ihre Bestätigung findet.

Ueberblicken wir nun das Gesagte, so haben wir botanisch sicher bestimmt in Indien zwei Weihrauchbäume, Boswellia serrata und glabra, in Abyssinien und am westlichen Abfall dieses Hochlandes nach Kordofan zu einen, Boswellia papyrifera. Zwischen diesen beiden festen Punkten kennen wir noch den Weihrauch aus dem äußersten Osten Afrikas, von der gegenüberliegenden Südküste Arabiens und nach schlecht verbürgten Nachrichten aus Kerman in Südpersien, doch noch nicht die Bäume, welche ihn liefern. Daß sie alle zur Gattung Boswellia gehören, läßt sich kaum mehr bezweifeln; ob zu einer der bekannten Arten, ist ungewiß; wenn aber, und wenn Arabien nicht zweierlei Weihrauchbäume hat, so ist es wahrscheinlicher, daß das östliche Afrika und Arabien an dem abyssinischen,

---

14) Russegger Reisen. Band II. Theil II. Seite 330.

15) Herodot. II. cap. 8.

als daß sie an einem der indischen Bäume Theil haben, daß also der ächte Weihrauch, das heißt der, den schon die Alten vorzüglich schätzten, das Product der **Boswellia papyrifera** sei.

Der **Myrrhenbaum** wächst nach Strabon pag. 721. in Gedrosien, pag. 768. in Chatromotitis, unserm Hadhramaut, pag. 778. im Lande der Sabäer, unserm Yemen, und pag. 773 und 774. im Gewürzlande hinter Deira, das ist an der afrikanischen Küste außerhalb der Meerenge Bab Elmandeb, etwas westlicher als das erst hinter dem Myrrhenlande anfangende und bis ans Zimmetland reichende Weihrauchland. Das stimmt mit den Angaben neuerer Beobachter so ziemlich überein. Nur aus Gedrosien fehlen uns neuere Nachrichten gänzlich. In Arabien aber fanden Hemprich und Ehrenberg [16]) den Myrrhenbaum an der Westküste schon bei Gison als Unterholz in den Akazienwäldern; auf der afrikanischen Seite am Südostabfall Abyssiniens, und zwar weit verbreitet an den Grenzen Ifat's, in den Buschwäldern des Hawasch und in der Adelwüste der Bo-

---

16) Ehrenbergs Programm ad capessendum locum in facultate medica universitatis litterarum Berolinensis, unter dem Titel: De Myrrhae et Opocalpasi ab Hemprichio et Ehrenbergio in itinere per Arabiam et Habessiniam detectis plantis, partic. I Berolini, typis academicis. 1841, ohne Titelblatt 6 Seiten in fol. — bricht leider nach der alten Geschichte der Myrrhe ab, und ist ohne Fortsetzung geblieben. Materialien vom Verfasser benutzte aber Nees von Esenbeck der jüngere, in Henry plantae officinales. Düsseldorf 1828 fol., woraus ich Vorstehendes entlehnte.

tanikter Dr. Roth[17]), Harris Begleiter auf seiner Gesandschaftsreise nach Schoa. Schon Forskål[18]) beschrieb aus Arabien zwei Arten der Gattung Amyris, nämlich A. Kataf und A. Kafal (nicht Kafat, wie Richard in seiner abissinischen Flora schreibt) mit der Bemerkung, ein dritter Baum, den er selbst nicht gesehen, Schadjaret Elmurr, das heißt der Myrrhenbaum, wäre nach Aussage der Berichterstatter den beschriebenen ähnlich. Dieser ist es, welchen der jüngere Nees von Esenbeck, ich weiß nicht ob nach Ehrenbergs Angabe oder in Folge eigener Untersuchung, Amyris Myrrha nannte, worin Roth ihm folgte. Ob dieselbe von Amyris Kataf, der sie sehr nahe steht, wirklich specifisch verschieden, oder Varietät derselben ist, können nur vollständigere Exemplare als man bis jetzt besitzt, oder Beobachtungen im Vaterlande der Bäume entscheiden.

Größere Schwierigkeit hat der Zimmet der Alten, von welchem ich hier zu sprechen für nöthig halte, obgleich das Wort κιννάμωμον, welches ich aus Arrianos supplire, in allen Ausgaben Strabons fehlt. Da das Cinnamomum Zeilanicum, die Mutterpflanze der Rinde, die wir ächten Zimmet zu nennen

---

17) Im Anhange zum zweiten Theil von Harris, Gesandtschaftsreise nach Schoa. Deutsch von K. von K.; Seite 35.

18) Forskål, flora Aegypt. Arabica pag CX. et 80.

pflegen, ausschließlich auf der Insel Zeilon wächst, welche schon den Alten unter dem Namen Taprobane bekannt war: so drängt sich uns unwillkührlich der Gedanke auf, das Zimmetland, welches Strabon pag. 774. gleich dem Myrrhen- und Weihrauchlande ins östliche Afrika, doch nicht gleich diesen an die Küste, sondern in das den Alten wie noch uns unbekannte Mittelland legt, existire gar nicht; durch den Handel mit Taprobane sei der Zimmet an jene Küste gelangt, hinter welcher man im Innern des Landes irriger Weise die Geburtsstätte des überseeischen Products vermuthet habe. Bestätigung scheint dieser Gedanke darin zu finden, daß nach Strabon pag. 778. auch bei den Sabäern der Zimmetbaum wachsen soll, also in einem Theile Arabiens, der zwar schon damals wie noch jetzt mit Indien in Handelsverbindung stand, dessen Flora wir aber nachgerade hinreichend kennen, um wenigstens mit großer Wahrscheinlichkeit behaupten zu können, daß es keine Art der Gattung Cinnamomum, in der wir, wenn wir nicht jede Spur verlieren wollen, auch den Zimmet der Alten suchen müssen, besitzt. Das war auch die allgemein verbreitete Meinung, bis vor kurzem Desborough Cooley [19]) in einer eben so scharfsinnigen wie gelehrten Abhandlung über die Zimmetregion der Alten dieselbe der Kritik unterwarf, und

---

19) Desborough Cooley, on the Regio Cinnamomifera of the Ancients; im Journal of the Royal geographical society of London, vol. XIX. 1849, pag. 166—191.

eine ganz andere Meinung geltend machte. Er beweist, daß der zeilanische Zimmet vor dem sechsten Jahrhundert unserer Zeitrechnung gar nicht in den Handel gekommen, und daß ihm die Zingalesen selbst noch im dreizehnten Jahrhundert wenig Aufmerksamkeit schenkten. Weit früher, zeigt er, sei ein chinesischer Zimmet überland durch Persien zu den Phönikiern gelangt. Daher der Name Cinnamomum, chinesisches Amomum, und der persische Name Darchini, chinesisches Holz. Später hätten aber die Sabäer eine ähnliche Waare aus dem östlichen Afrika unter denselben Namen zu Markt gebracht, und allmälig die ursprüngliche chinesische völlig verdrängt. Theophrastos Dioskorides und Andere unterschieden zwar Zimmet und Kassia, doch keineswegs durch wissenschaftlich festgestellte Merkmale, woraus sich auf eine specifische Verschiedenheit ihrer Mutterpflanzen schließen lasse. Die Zimmetrinde sei nur mit, die Kassiarinde ohne das Holz zu Markt gekommen. Das habe sich indeß schon zu Galenos Zeiten geändert: damals wäre beides, Zimmet und Kassia in beiderlei Formen, als bloße Rinde und als Rinde mit dem Holz auf den Markt gekommen, die beste Kassia dem geringsten Zimmet so ähnlich, daß Galenos [20]) sie nicht mehr habe unterscheiden können; ja derselbe erzähle sogar, wie

---

[20]) Galeni opera, edid. Kühn vol. XIV. pag. 56, 63, 70, 73.

aus dem Kassiabaum zuweilen Zimmet werde, so daß das Ganze zwar einen Kassiabaum darstelle, einzelne Seitenzweige desselben aber Zimmet wären. Später verschwinde der Name Zimmet unter den Handelsartikeln des rothen Meers ganz. Schon der Verfasser des Periplus dieses Meers, der nach Letronne nicht vor Septimius Severus und seinen Sohn Carakalla, also in den Anfang des dritten Jahrhunderts unsrer Zeitrechnung zu setzen sei, scheine, was man vordem Zimmet nannte, mit dem Namen Kassia zu bezeichnen, indem er die früher bekannten Kassiasorten, so weit sie noch im Gebrauch waren, mit ihren Eigennamen Gizi, Moto, Duaka und Asyphe nennt, und die Kassia als einen besondern Artikel an ihre Spitze stellt. Bei Philostorgios komme zwar der Zimmet noch einmal vor; Kosmas Indikopleustes scheine aber wieder wie der Verfasser des Periplus unter Kassia auch den Zimmet zu begreifen. Sehr natürlich, denn Kassia sei das ächt semitische Keziah, der Name des arabisch-afrikanischen Products, auf welches man den Namen des ursprünglich chinesischen Products im Handel nur übertragen hätte. Erst nach der Gründung Bassorahs durch die Sassaniden habe sich der Handel aus dem rothen Meer in den persischen Meerbusen gezogen; nun erst habe man Zimmet aus Malabar und später noch die bessere Art aus Zeilon kennen gelernt, welche den arabisch-afrikanischen gänzlich verdrängte. Nach dem einstimmigen Zeugniß aller Schriftsteller müsse man aber den letztern als ein Erzeugniß des Landes der Somauli betrachten. Nur die irrige Voraussetzung, daß im Handel derselbe Name zu verschiedenen Zeiten immer dasselbe Object bezeichne, habe bisher die Anerkennung dieser Thatsache verhindert. Bis so weit hat Cooley seine Behauptungen durchaus wohl begründet. Wenn er weiter gehend in den Namen heutiger Gallasstämme die Namen alter Völker aus der Zeit der Pharaonen wieder zu erkennen meint, darf er vielleicht weniger auf ungetheilten Beifall rechnen. Uns berührt jedoch diese Fortsetzung seiner Untersuchungen nicht weiter. Die Frage, welche Pflanze oder welche Pflanzen denn den Zimmet und die Kassia im Lande der Somauli lieferten, bleibt bei unserer Unbekanntschaft mit der Flora dieses Landes natürlich unbeantwortet. Nur zwei darauf bezügliche Nachrichten übergeht der Verfasser nicht, die von Bruce (vol. VII. pag. 329.) und die von Angelo gegebenen. Der erste behaupte, daß Zimmet noch am Cap Gardafui wachse; eine zweite Sorte desselben, die in der Ebene wachse, komme dem Zimmet von Zeilon zwar nicht völlig, doch sehr nahe; er selbst hätte beide Sorten von beiden Orten (von Zeilon und Gardafui) gesehen und verglichen; er gäbe sogar zu verstehen, daß der zeilanische Zimmet ursprünglich vom Promontorium Aromatum der Alten dorthin verpflanzt sei. Der andere (in der Zeitschrift „das Ausland", 1846 Nro. 44—46. wird er H. C. Arcangelo genannt), welcher die Somauliküste erst kürzlich besucht habe, rechne zu ihren Producten unter-andern auch die Kassia. Die Abhandlung schließt mit dem Wunsch, daß die Engländer dieses an Naturschätzen so reiche Land dem Handel, der Gesittung und der Wissenschaft endlich aufschließen möchten. Meinerseits bemerke ich nur, daß wir bis jetzt aus Abyssinien gar keine Laurinee kennen, aus Yemen nur die hier nicht in Betracht kommende Cassyta filiformis, daß aber eine Rinde, welche den chinesischen Zimmet für Jahrhunderte aus dem Welthandel ausschließen konnte, ohne Zweifel einer Art der Gattung Cinnamomum oder mindestens einer ihr sehr nahe verwandten Gattung der Laurineen angehören muß.

Auch über Strabons Kassia könnten wir uns mit den durch Cooley gewonnenen Resultaten vorläufig beruhigen, wenn nicht die alte Lesart in unserer Stelle, nach der es heißt, sie solle auch aus Sümpfen kommen, wie ich von vorn herein zeigte, nothwendig wieder herzustellen wäre. Diese Angabe paßt nicht auf eine zimmetgebende Laurinee, sondern führt auf die Vermuthung, daß unter dem Namen Kassia auch noch eine Pflanze verschiedener Art verstanden wurde, der wir jetzt, so weit wir können, nachforschen wollen. Theophrastos kennt nur die eine Kassia, deren Mutterpflanze wir mit dem afrikanischen Zimmetbaum entweder für identisch oder ihm wenigstens nahe verwandt halten müssen; nur Diskorides[21]) führt uns wenigstens

[21]) Dioscorid. I. cap. 12.

etwas weiter. Er unterscheidet mehrere Arten der Kassia; die erste, sagt er, werde von den Eingebornen Achy genannt. Das ist, wie auch Sprengel zu dieser Stelle des Dioskorides bemerkt, dasselbe hebräische Wort, welches an verschiedenen Stellen des alten Testaments bald eine bestimmte Binsenart, bald Sumpfgewächse überhaupt zu bedeuten scheint[22]); wodurch sich Sprengel zu der Aeußerung bewogen fühlt, er zweifle keineswegs, daß dies Strabons Sumpfkassia sei. Damit ist die Sache jedoch nicht erledigt, es fragt sich, welche Pflanze verstand Dioskorides unter seinem Achy? und wie war es möglich, eine Sumpfpflanze und ein Cinnamomum für Arten derselben Gattung zu nehmen? Eine genügende Antwort weiß ich leider auf keine der beiden Fragen zu geben, doch mögen einige Bemerkungen für künftige vielleicht glücklichere Forscher hier Platz finden.

Nach Dioskorides ward das Achy von den alexandrinischen Kaufleuten Daphnitis genannt, und mit Recht will Sprengel diesen Namen nicht von Daphne, dem Lorbeerbaum, sondern von Daphnus, dem Hafen des Gewürzlandes, den wir bei Strabon pag. 774. kennen lernten, ableiten. Eben diese Art der Kassia ist es, welche Dioskorides also beschreibt: „Sie hat dickrindige Zweige und Blätter wie der Pfeffer (oder wie die Iris; ich werde gleich über

---

22) Vergl. Olai Celsii hierobotanicon I. pag. 340. und Rosenmüller's biblische Naturgeschichte I. S. 186.

diese Lesart sprechen). Man wähle die gelbliche, schönfarbige, korallenähnliche, sehr dünne große und fleischige, vollständig zusammengerollte, von scharfem zusammenziehendem etwas brennendem Geschmacke, und aromatischem weinigem Geruch. Diese wird von den Einwohnern Achy genannt, Daphnitis aber zubenannt von den alexandrinischen Kaufleuten." Wie nun eine solche Rinde, welche ganz einer Kassiarinde unserer Officinen gleich beschrieben wird, das Product einer Wasserpflanze sein soll, gestehe ich nicht zu begreifen. Gleichwohl giebt es der Spuren, daß sie wirklich eine solche bei gewissen Schriftstellern bezeichnet habe, noch mehrere. Zu diesen Spuren gehört die Lesart, nach der die Blätter der Pflanze nicht wie die des Pfeffers, ὥσπερ πεπέρεως, sondern die der Iris, ὥσπερ ἴρεως sein sollen. Sprengel notirte diese Variante aus dem Codex des Leonicenus, und bemerkte dabei, auch Serapion Kap. 301. (lies 291.) habe diesen falschen Genitiv in seinem Dioskorides gefunden. Falsch ist er nun zwar nicht, wenigstens haben ihn die siebenzig Dolmetscher in einer gleich anzuführenden Stelle; indeß bedient sich Dioskorides allerdings durchgängig des gewöhnlichen Genitivs ἴριδος, weshalb auch ich die Lesart πεπέρεως unbedenklich vorziehe. Dabei ist aber nicht zu übersehen, daß nicht allein Serapion, sondern sämmtliche Araber, welche die Worte des Dioskorides über die Kassia mehr oder minder genau wiederholen, ihre Blätter denen der Iris vergleichen. So Avicenna[23]), so Abu'l Fadli bei Olaus Celsius[24]), der sie der himmelblauen Iris (oder Lilie) (السوسن الاسمانجون) vergleicht, so auch Ibn Baithar[25]), der sie nach Sontheimers Uebersetzung „der Lilie, die man Iris nennt", vergleicht. Das sind nicht bloße Uebersetzungen, sondern Abweichungen von Dioskorides, dergleichen sich ohne eine andere gewichtige Auctorität oder eigene Sachkenntniß kein Araber erlaubt. Einen andern Fingerzeig geben uns die siebenzig Dolmetscher. Im zweiten Buch Mosis[26]) lesen wir nach Luthers Uebersetzung: „Der Herr redete mit Mose und sprach: Nimm zu dir die besten Spezereien, die edelsten Myrrhen fünfhundert (Seckel), und Cinnamet die Hälfte so viel, zwei hundert und funfzig, und Kalmus auch zwei hundert und funfzig, und Casien fünf hundert nach dem Seckel des Heiligthums u. s. w." Hier steht im Hebräischen das Wort Kiddach, welches der älteste chaldäische, der syrische Uebersetzer und die Vulgata, denen auch Luther gefolgt ist, durch Kassia wiedergeben, die siebenzig Dolmetscher aber und nach ihnen auch Josephos durch den angeblich falschen Genitiv

---

23) Avicennae canon, interprete Plempio, II. pag. 225

24) Ol. Celsii hierobotanicon II. pag. 363.

25) Ebn Baithar, übersetzt von Sontheimer, II. S. 39

26) Exod. cap. 30. vers. 22 — 24., wozu Ol. Celsius l. c. II. pag. 185. sqq. und Rosenmüller a. a. O. I. S. 268. ff. zu vergleichen sind.

ιρεως. Auf sie hat denn doch schwerlich eine falsche Lesart im Dioskorides verleitend eingewirkt; nothwendig muß der griechische Name Kassia, dem die beiden hebräischen Kiddach und Keziah und der arabische Selichat entsprechen, verschiedene Pflanzen bedeutet haben, einmal die Rinde einer Laurinee, und einmal (vermuthlich die Wurzel oder sonst) einen Theil einer wohlriechenden kostbaren irisartigen Pflanze, ohne Zweifel einer Scitaminee, und diese Uebereinstimmung der Namen zweier so verschiedener Dinge muß den angeführten Mißgriffen so vieler Schriftsteller zum Grunde liegen. Dies vorausgesetzt, erklären sich auch die sonst unbegreiflichen Abweichungen in der Angabe des Vaterlandes der Kassia. Dioskorides setzt sie wie Strabon und Theophrastos in das gewürzreiche Arabien, — denn dazu rechnete man auch die gegenüber liegende afrikanische Küste, ihm folgen Serapion und Ibn Baithar; Avicenna läßt diese Angabe des Dioskorides aus und versichert, er selbst habe vernommen, daß die Kassia aus China gebracht werde; Abu'l Fadli endlich sagt, Selichat sei der arabische Name der Rinde eines Gewächses, welches in Indien und Omân (also an der Ostseite der arabischen Halbinsel) wachse. Bis jetzt kennen wir, wie bereits gesagt ward, nur durch Forskål, also nur aus dem westlichen Arabien, und nur als Culturpflanzen zwei Scitamineen, angeblich Amomum Zingiber und Curcuma rotunda; wir müssen abwarten, ob uns künftige Forschungen auf der Ostseite des Landes eine einheimische Scitaminee kennen lehren werden, die zu all den Verwechselungen Anlaß gegeben haben kann.

Auch einer unächten Kassia in der Landschaft, die auf das Weihrauchland folgt, gedenkt Strabon pag. 774.; eben so Dioskorides mit dem Zusatz, sie sei der ächten täuschend ähnlich, allein von Geschmack weder scharf noch aromatisch. Diese zu bestimmen werden wir wohl verzichten müssen.

Die Narde des Myrrhen- und Weihrauchlandes scheint die sampharitische des Dioskorides[27]) zu sein, da Strabon im eigentlichen Arabien und Dioskorides an der afrikanischen Seite des rothen Meers keiner Narde gedenken; und da das arabische Sanfur hoch im Gebirge liegt, so dürfen wir die jenseitige in Abyssinien erwarten. Ohne Zweifel gehört sie wie alle Narden der Alten zu den Valerianeen. Doch weder Forskål, der wenigstens die Gebirge in der Nähe von Sanfur durchsucht hat, noch die neuern Forscher in Abyssinien haben eine Valerianee, die auch nur mit einiger Wahrscheinlichkit für diese Narde gelten könnte. Früher fanden wir schon bei Strabon pag. 721. eine Narde in Gedrosien, und pag. 692. in Indien.

Welche Palmenarten endlich hier den Palmenwein lieferten, läßt sich auch noch nicht ermitteln. Forskål hat nur cultivirte Arten.

---

[27]) Dioscorid. I. cap. 6.

Aus Buch XVII. Aegypten u. s. w.

Kap. 1. §. 15. p. 799. C., III. p. 436. St., III. p. 358. G. „In den ägyptischen Sümpfen und Seen wächst die Biblos und die ägyptische Bohne, welche die Trinkbecher giebt, beide gleich hohe, etwa zehnfüßige Stengelgewächse (ῥάβδοι). Die Biblos ist ein kahler, an der Spitze einen Schopf (χαίτην) tragender Stengel. Die Bohne dagegen treibt an vielen Stellen Blätter und Blumen, und eine unserer Bohne ähnliche, nur in der Größe und im Geschmack verschiedene Frucht. Die Bohnengebüsche gewähren denen, die darin speisen wollen, einen anmuthigen Anblick und Ergötzlichkeit. Man speist nämlich in Gondeln mit Kajüten, eindringend in das Dickicht der Bohnen, und von ihren Blättern beschattet; denn diese sind sehr groß, so daß sie auch zu Trinkgefäßen und Schalen dienen, wozu sie eine angemessene Höhlung haben. Daher ist Alexandrien in den Werkstätten mit diesen Blättern angefüllt, welche man zu Gefäßen benutzt und die Landleute beziehen eine ihrer Einnahmen von diesen Blättern.

So viel über die Bohne. Die Biblos wächst zwar hier (in Alexandrien) nicht häufig, weil sie nicht angebauet wird, häufig aber in den unteren Gegenden des Delta, und zwar eine schlechtere, und eine bessere für die Priester. Aber auch hier haben Manche, um ihre Einkünfte zu erhöhen, die Schlauheit angewendet, welche die Juden bei der Dattel, vorzüglich der Nußdattel und dem Balsam erfanden: sie lassen sie nicht vielerwärts wachsen, und indem sie wegen der Seltenheit den Preis aufschlagen, vermehren sie zwar ihre Einkünfte, verkümmern jedoch das allgemeine Beste.

Die ägyptische Bohne, Nelumbium speciosum, hat nicht wie unsere Nymphäen auf der Oberfläche des Wassers schwimmende, sondern, wie Sims[1]) sie sehr richtig darstellt, frei über dieselbe sich erhebende Blätter und Blumen, so daß ein flaches Boot füglich in ihrem Schatten liegen konnte; es ist ein Fehler, daß Sprengel[2]) die Blätter und Blumen schwimmend darstellt Nach De Lile[3]) ist diese ausgezeichnete mit keiner andern zu verwechselnde Pflanze, die so häufig

1) Botanical magazine tab. 903.

2) Sprengel, Gesch der Botanik I Tafel 8.

3) De Lile, in der Description de l'Egypte. Secnode edit. Tom. XIX. pag. 428. sqq.

auf ägyptischen Denkmälern vorkommt, jetzt aus Aegypten völlig verschwunden. Auch südlich von Aegypten scheint sie nicht zu wachsen. Roth[4]) fand in Abyssinien aus der ganzen Familie überhaupt nur eine einzige nicht genannte Nymphäa; und auch Richard[5]) führt in seiner abyssinischen Flora aus derselben Familie nur die Nymphaea caerulea auf. Sylwestre de Sacy[6]) bemerkt, daß Ibn-Baithar († 1248) so von dem Nelumbium rede, als hätte es sich zu seiner Zeit noch in Aegypten gefunden, während ältere Araber als er, wie Abd-Allatif († 1231), Ibn-Sina († 1037) und Ishak-Ben-Soleiman, welchen Abd-Allatif unter dem Namen Israeli anführt[7]) († 932 oder 941), diese Pflanze offenbar schon nicht mehr kannten. Ich vermuthe daher, daß sie in Aegypten niemals einheimisch war, sondern, früh aus Indien eingeführt, nur angebauet ward und, als man aufhörte sie zu pflegen, hier früher dort später wieder verschwand. Schon Theophrastos[8]) sagt: „die Pflanze wächst häufig von selbst, doch säet man sie auch. Man wirft sie in Schlamm, den man wohl durchknetet, damit sie festgehalten werde, bleibe und nicht verderbe. Auf

---

4) Roth, in den Anhängen zu Harris Gesandtschaftsreise nach Schoa, bei Band II. S. 25.

5) Richard tentamen florae Abyssinicae, II pag 11.

6) Abd-Allatif, relation de l'Egypte. Traduit par S. de Sacy, pag. 57.

7) Sylv. de Sacy, in seinem Abd-Allativ S. 42. f.

8) Theophr. hist. plant. IV. cap. 8. sect. 8.

solche Art bereitet man die Stellen zu, wo man Bohnen ziehen will. Hat sie einmal gefaßt, so dauert sie sehr lange.“ Daß sie sich bei solchem Anbau zuweilen auch von selbst vermehren, also scheinbar wild wachsen konnte, ist sehr begreiflich.

Βίβλος oder *βύβλος* als Pflanzenname ist reines Synonym von *πάπυρος*, unser Cypérus Papýrus, der unter letzterm Namen schon pag. 774. C. in Aethiopien vorkam. Der Schopf der Pflanze, *χαίτη*, ist nicht, wie Groskurd es übersetzt und Kärcher ihm nachschreibt, ein Wollbüschel, — denn Wolle oder etwas derselben Aehnliches trägt die Pflanze nicht, — sondern die Blüthenspirre mit all ihren Stielchen und Hüllblättchen, die sich wohl einem Haarschopf vergleichen lassen.

Die nußartige Dattel und der Balsamstrauch kamen schon pag. 763. vor.

Kap. 1. §. 35. p. 809. C., III. p. 451. St., III. p. 377. G. „Ueber Memphis liegt die Stadt Akanthos gleichfalls in Libyen, und der Tempel des Osiris und der Hain der thebaischen Akanthe, woraus das Gummi.... Der arsinoitische Nomos ist der bemerkenswertheste unter allen sowohl in seinem Aussehen und in seiner Trefflichkeit, wie auch in seiner Kultur. Er allein ist mit hohen vollwüchsigen schönfrüchtigen Oelbäumen bewachsen;

und das Oel ist gut, wenn man sorgfältig sammelt. Wer dies jedoch versäumt, gewinnt zwar viel Oel, aber schlecht von Geruch. Das übrige Aegypten ermangelt des Oelbaums, ausgenommen die Gärten zu Alexandrien, die sich zwar mit Oliven zu schmücken im Stande sind, doch kein Oel geben. Auch Wein, Korn, Hülsenfrüchte trägt der Nomos reichlich, und viele andere Sämereien."

Die thebaische Akanthe, welche das Gummi liefert, läßt sich nicht auf eine einzelne bestimmte Art zurückführen, da das **Gummi Arabicum** in Aegypten von mehreren sehr verschiedenen Arten von Akazien gesammelt wird. Hayne[1]), welcher bei seinen Untersuchungen Ehrenbergs mündliche Mittheilungen benutzte, nennt als solche Acacia gummifera, A. Ehrenbergiana, A. Sejal (fälschlich Seyal), A. tortilis und A. vera.

Der arsinoitische Nomos, das heutige Fajum, behauptet noch immer den alten Ruhm ausgezeichneter Fruchtbarkeit. „Diese Gegend, sagt Jomard[2]), wiewohl sie durch Versandung und Vermin-

---

[1]) Hayne, getreue Darstellung und Beschreibung der in der Arzneikunde gebräuchlichen Gewächse, X. Taf. 28—34.

[2]) Jomard, in der Description de l'Egypte, Edit. II, tom IV. pag. 438. sq.

derung des culturfähigen Bodens beträchtlich gelitten hat, ist in der That noch fortdauernd die fruchtbarste eines Landes, welches selbst für eins der fruchtbarsten auf der Welt gilt. Nicht zu gedenken seines Anbaus von Weizen Reis Klee und Hülsenfrüchten, noch seiner großen Dattelwälder, enthält Fajum köstliche Leinfelder, Rosen- und Olivenpflanzungen; es besitzt ferner Indigo Hennah Färberscharte Baumwolle Zucker und Taback; man sieht hier gleichsam Wälder von Feigen, Hecken von Opuntia, viele Pfirsichen Pflaumen Aprikosen und (andere) Fruchtbäume in den Gärten, endlich was außerdem nicht vorkommt, Weinberge.“ Hiemit stimmt ganz überein, was Girard an verschiedenen Stellen seiner Denkschrift über den Landbau, die Industrie und den Handel Aegyptens von Fajum berichtet. Unter den ägyptischen Oelpflanzen, welche er aufzählt[3]), kommt aber der Oelbaum gar nicht vor, nur von den mit Cactus Opuntia eingehegten Baumgärten der Provinz Fajum sagt er[4]): „sie sind bepflanzt mit Datteln Feigen Reben Oelbäumen, deren Früchte man ausführt,“ (also nicht zur Oelbereitung anwendet).

Kap. 1. §. 51. p. 818. C., **III.** p. 466. **St.**, **III.** p. 400. **G.** „Wiewohl in ganz Aegypten die Palme schlechter Art ist, und in den Gegenden

3) Girard daselbst tom XVII. pag. 229.
4) Daselbst pag. 144.

um das Delta und Alexandrien eine kaum genießbare Frucht trägt, so wächst in der Thebais noch die beste unter den übrigen. Es ist aber merkwürdig, wie die mit Judäa dasselbe Klima habenden und benachbarten Orte um das Delta und Alexandrien solche Verschiedenheit zeigen, indem Judäa außer der gemeinen Dattel auch noch die der babylonischen nicht weit nachstehende Nußdattel erzeugt. Zwiefacher Art ist aber jene in der Thebais sowohl wie jene in Judäa, theils die gemeine, theils die Nußdattel. Die thebaische ist härter, doch von Geschmack angenehmer. Dort ist auch eine die besten Datteln vorzugsweise tragende Insel."

Warum in gewissen Gegenden die Dattel so schlechter Art war, erklärt sich vielleicht durch eine merkwürdige Beobachtung Botta's 1) aus Arabien. Bei Tehama soll eine gewisse Ameise die Dattelpalmen völlig verwüsten, wenn man nicht Stücke morschen Holzes aus dem Walde, worin eine andere Ameise wohnt, den Bäumen anhängt. Diese Ameise beschädigt die Datteln nicht, und vertheidigt den Baum gegen die andere Ameise. Dieselbe Thatsache soll schon Forskål angeben; ich finde aber nicht wo.

1) Botta, in den Archives du Museum d'hist. nat. de Paris II. pag. 83.

Weder über die thebaische Dattel im Vergleich zu der anderer Gegenden, noch über die Nußdattel, die hier nun schon zum dritten mal vorkommt (früher pag. 763. und 799.), finde ich neuere Nachrichten; und fast jeder Schriftsteller, der über die verschiedenen Dattelarten spricht, wie Theophrastos [2]), Plinius [3]), Galenos [4]), Simeon Seth [5]), unter den Neuern Kämpfer [6]) und De Lile [7]), welche beide diesem Baume eine lange Abhandlung widmeten, nennt andere Sorten.

Kap. 2. §. 1. p. 821. C., III. p. 471. St., III. p. 406. G. „Sie (die Aethiopen) leben von Hirse und Gerste, von denen beiden sie auch ein Getränk bereiten. Statt des Oels gebrauchen sie Butter und thierisches Fett. Auch Baumfrüchte haben sie nicht, außer einigen Datteln in den königlichen Gärten. Einige essen Kraut und zarte Sprossen und Lotos und Rohrwurzeln, aber auch Fleisch Blut Milch und Käse.... (pag. 822. C.)

---

[2]) Theophr. hist. plant. II. cap. 6. sect 6.

[3]) Plin. XIII. cap. 4. sect. 9.

[4]) Galen. de alimentor. facult. II. c. 24.; operum edit. Kühn vol. VI. pag 606.

[5]) Simeon Seth de alimentor. facult. sub littera φ cap. 1.

[6]) Kaempfer, amoenitat. exotic. pag. 704.

[7]) De Lile in der Description de l'Égypte, Edit. II., vol. XIX. pag. 442.

Von Bäumen ist häufig die Palme, die Persea, das Ebenholz und der Johannisbrodbaum."

Es ist von den Aethiopen um Meroë die Rede, von den heutigen Berbern. Ihre hauptsächliche Nahrung besteht jetzt in Mohrhirse, Durrah der Araber, unserm Sorghum vulgare; ob diese hier unter Hirse, *κέγχρος*, zu verstehen sei, muß dahin gestellt bleiben. Doch vergleiche man die Bemerkungen zu pag. 547. Auch das Bier wird jetzt gewöhnlich aus Durrah gebraut. Der Oelbaum reicht nicht bis in die Region der tropischen Regen; Butter vertritt die Stelle des Olivenöls. Unter den Lebensmitteln, womit sich Burckhardt beim Antritt seiner Reise nach Nubien versah, findet sich unter andern auch Butter fünf Pfund.

Der Lotos ist hier, wie ich zu pag. 771. bemerkte, Ziziphus Spina Christi.

Die Rohrwurzel ist, wie ich ebenda nachgewiesen, Arum Colocasia.

Ueber die Persea sprach ich ausführlich zu pag. 773. Sie ist entweder Diospyrus mespiliformis oder eine uns noch unbekannte Ebenacee.

Welche Ebenacee das eigentliche Ebenholz dieser Gegend den Alten lieferte, wissen wir noch gar nicht.

Κερατία ist sonst überall unser Johannisbrodbaum, Ceratonia Siliqua, daher ich das Wort auch hier so übersetzte. Ohne Zweifel verwechselte jedoch Strabons Berichterstatter irgend einen andern Baum mit diesem. Theophrastos [1]) sagt geradezu, in Aegypten wachse die Ceratonia nicht; Forskål und De Lile übergehen sie, und Prosper Alpini [2]) und Wesling [3]) sprechen nur von wenigen Exemplaren in Unterägypten. Vermuthlich ist Tamarindus Indica gemeint, die in Abyssinien 2000—3000 Fuß hoch über dem Meere vorkommt [4]), und folglich im nahen Meroë gewiß ihr Klima findet.

Kap. 2. §. 4. p. 823. C., III. p. 474. St., III. p. 409. G. „Den ägyptischen Merkwürdigkeiten muß ich noch folgendes Eigenthümliche hinzusetzen: die ägyptische Bohne, von der die Trinkbecher; die Biblos, die nur hier und in Indien wächst; die Persea nur hier und in Aethiopien, ein hoher, süße und große Frucht tragender Baum; den Maulbeerfeigenbaum, welcher die sogenannten Maulbeerfeigen trägt, die den Feigen gleichen, doch zum Genuß weniger geschätzt werden. Auch das Korsion wächst hier, eine Naschfrucht ähnlich dem Pfeffer, nur etwas größer."

---

1) Theophr. hist. plant. IV. cap. 2. sect. 4.

2) Alpin. de plantis Aegypti cap. 3. pag. 8.

3) Wesling, de plantis Aegyptiis pag. 6.

4) Richard, tentam. flor. Abyssinic. II. pag. 248.

Ueber die meisten dieser Merkwürdigkeiten sprach ich schon, über die ägyptische Bohne (Nelumbium speciosum) zu pag. 799., über die Biblos (Cyperus Papyrus) zu pag. 774. und 799., über die Persea (vermuthlich Diospyros mespiliformis oder sonst eine noch unbekannte Ebenacee) zu pag. 773 und 822. Vom Maulbeerfeigenbaum, der schon pag. 773 vorkam, war nichts zu sagen, als daß er unsere Ficus Sycómorus sei. Nur vom Korsion ist noch zusprechen übrig.

Theophrastos [1]) sagt: „die Wurzel des Lotos (d. h. unserer Nymphaea Lotos) wird Korsion genannt. Sie ist rund, an Größe gleich einer Quitte, eine Rinde umgiebt sie wie die Kastanie; das Innere ist weiß, gekocht oder geröstet wird es gelb wie Eier und eine wohlschmeckende Speise. Man genießt sie auch roh, doch ist die in Wasser gekochte oder geröstete die beste.“ Botansch genauer beschreibt De Lile [2]) diese Wurzel: „Sie ist eine länglich runde Knolle, 35 Millimeter (ungefähr 15 Linien) dick, bedeckt mit einer trockenen braunen lederartigen Rinde. Die Wurzelfasern und die alten Blatt- und Blumenstiele hinterlassen auf dieser Knolle hervortretende Spuren. Die Blätter treiben aus der etwas wolligen Spitze, aus der auch horizontale Wurzel-

---

1) Theophrast. hist. plant. IV. cap. 8. sect. 11.

2) De Lile, in der Description de l'Egypte, Edit. II., vol. XIX. pag. 416.

fasern kommen, an deren Spitze neue Knollen entstehen.“ Das sind also, wie sich von selbst versteht, keine Wurzelfasern, sondern Ausläufer, und die Vermehrung der Pflanze entspricht derjenigen, welche Nolte [3]) bei unserer Sagittaria sagittifolia so trefflich beschrieben und abgebildet hat. Weiterhin bemerkt De Lile noch, so groß wie eine Quitte sei die Knolle nicht, sie lasse sich an Größe und Substanz mit der Kastanie vergleichen. Nun fragt sich, kann das Strabon's Koïsion sein? Nach Sprengel [4]) hat der Name bei diesem eine ganz andere Bedeutung, doch sagt er weder welche, noch warum. Allerdings sind ein Pfefferkorn und eine Kastanie oder gar Quitte von etwas ungleicher Größe; kleinere Knollen finden sich indeß immer neben größeren, und vielleicht sprach Strabon, der sein Koïsion doch etwas größer sein läßt als Pfeffer, von den geschälten und gerösteten, also künstlich verkleinerten Knollen, die durch diese Behandlung runzlich wie Pfefferkörner geworden sein mögen. Auch ein gewisses Aroma fehlte ihnen nicht, wie Ibn Beithar [5]) berichtet, der gerade über diese Pflanze, die er Baschnin nennt, und ihre Producte aus eigner Anschauung ausführlicher wie gewöhnlich spricht.

---

3) Nolte, über Stratiotes und Sagittaria. Kopenhagen 1825, 4to.

4) Dioscorid. opera. Edid. Sprengel, II. pag. 623.

5) Ebn Baithar, übers. von Sontheimer, I. S. 141.

Kap. 2. §. 5. p. 824. C., III. p. 475. St., III. p. 411. G. „(Aegyptisch sind) auch die Kukeis, eine eigene Art Brod, die den Durchfall hemmt; auch das Kiki eine Feldfrucht, die man säet, aus welcher Oel gepreßt wird, theils zum Brennen für jedermann im Lande, theils zu Salben für die Dürftigeren und Arbeiter, sowohl Männer wie Frauen. Aegyptisch sind auch die Kukigeflechte von einer gewissen Pflanze, gleich den Binsen- und Palmengeflechten."

Das Kiki ist unser Ricinus communis; Dioskorides[1]) beschreibt es unter demselben Namen sehr deutlich, und nnter den (vielleicht von fremder Hand hinzugefügten) Synonymen, befindet sich auch der römische Name Ricinus. Das Oel dieser Pflanze ist bekannt genug, und dient noch jetzt in den Ländern rings um das Mittelmeer keineswegs wie bei uns nur zu medicinischen Zwecken.

Kuki, Cuci, ist bei Plinius geradezu der Name der merkwürdigen Palme, die bei den Arabern Dum, in unserm Pflanzensystem Hyphaene crinita heißt, und in neueren Reisen oft die thebaische Palme genannt wird. Bei Theophrastos kommt sie,

1) Dioscorid. IV. cap. 161.

wie es scheint, dreimal vor, jedesmal unter etwas anderem Namen, ob bloß durch Schuld der Abschreiber, ist schwer zu sagen. Einmal [2]) heißt sie bei ihm Koïx, das zweite mal [3]) Kykas, zwei Namen, die neuerlich beide auf ganz andere Pflanzen übertragen wurden; das dritte mal [4]) *κουκιοφόρον* sc. *δένδρον* der kuki- oder kukion-tragende Baum. Die letzte Stelle hat auch Plinius [5]), und zwar mit den Worten wiedergegeben: Cuci in magno honore, palmae similis etc.; worauf Saumaise [6]) die scharfsinnige Conjectur gründete, Theophrastos hätte nicht *κουκιοφόρον*, sondern *κοῦκι διάφορον*, das berühmte, das preiswürdige Kuki, geschrieben, und in unserer Stelle des Strabon seien die *κοκκίνα πλέγματα* der Handschriften in *κουκίνα πλ.*, Kukigeflechte, zu verwandeln, wie sie nach Groskurd im Periplus maris Erythraei wirklich genannt werden [7]). Darin folgt ihm auch Groskurd, und Koraïs billigt die Conjectur, ohne sie in den Text aufzunehmen. Daß dann aber in eben dieser Stelle kurz zuvor auch *οἱ κάκεις*, wie Koraïs bemerkt, in *οἱ κοίκεις*, oder in *οἱ κούκεις* zu ändern sei, darüber schweigen

---

2) Theophr. hist. plant. I. cap. 10. sect. 5.

3) Idem l. c. II. cap. 6. sect. 10.

4) Idem l. c. IV. cap. 2. sect. 7.

5) Plin. hist. nat. XIII. cap 9. sect. 18.

6) Salmasii exercitat. Plinian. in Solini polyhistorem, pag. 574. b. F.

7) Arriani Alexandrini periplus maris Erythraci, edit. Fabric. pag. 17. (edit. Hudson. pag. 19): *χρῶνται περιζώμασι φύλλων κουκίνων*.

merkwürdiger Weise sowohl Saumaise wie Groskurd. Es ist möglich, daß diese abweichenden Ausdrücke nicht bloß durch die Schuld der Abschreiber entstanden, sondern daß man die barbarischen Laute verschieden auffaßte oder willkürlich hellenisirte. Das zu prüfen, ist Sache der Philologen; doch hier, wo es uns nur auf den Sachinhalt ankommt, trug ich kein Bedenken so zu übersetzen, als hätte Strabon die Worte so geschrieben, wie sie vermuthlich lauteten. Denn da Theophrastos und nach ihm Plinius [8]) ausdrücklich auch des aus der Kukifrucht bereiteten Brodes gedenken, so läßt sich schwerlich bezweifeln, daß Strabon von diesem Brod spreche.

Kap. 3. §. 4. p. 826. C., III. p. 479. St., III. p. 416. G. „Daß Maurusia bis auf wenige Wüste ein gesegnetes Land und mit Seen und Flüssen ausgestattet sei, wird von Allen anerkannt. Auch an großen und vielen Bäumen hat es Ueberfluß und ist höchst ergiebig. Auch die bunten und großen einbretterigen Tische liefert den Römern dies Land .... Auch erzählt man von diesem Lande, der Weinstock erreiche eine von zwei Männern kaum zu umspannende Stärke,

8) Theophrastos in der zweiten der angeführten Stellen; Plinius lib. XIII. cap. 4. sect. 9., von den Worten an: In ipsa quidem Aethiopia friatur etc.

und liefere beinahe ellenlange Trauben. Ueberhaupt wachsen hier alle Kräuter und Stauden hoch, wie z. B. das Aron und das Drakontion. Der Stengel der Mohrrüben (σταφυλίνων) des Roßfenchels (ἱππομαράθου) und der Artischocken (σκολύμων) werden zwölf Ellen hoch und zwei Handbreiten dick."

Die großen aus einem Stück geschnittenen über alle Vorstellung kostbaren Tischplatten der Römer aus Maurusia oder Mauritania, unserm Marokko, behandelt Plinius [1]) ausführlich und nennt den Baum, der sie lieferte, Citrus, nach einer andern Lesart Cedrus. Es sei derselbe, fügt er hinzu, den schon Homeros und Theophrastos Thyon oder Thya genannt. Nach Homeros [2]) brannte das Holz der Zeder und des Thyon auf dem Herde der Kalypso, und verbreitete Wohlgeruch über die Insel. Daraus ist also nur abzunehmen, daß sein Thyon nicht die Zeder, doch vermuthlich eine Conifere war. Nach Theophrastos [3]), dessen Beschreibung Plinius entlehnte, glich der Baum an Gestalt des Stammes der Zweige der Blätter und der Früchte der wilden Cypresse, und wuchs häufig beim Jupiter Ammon und in der Kyrenaika. Das Holz faule nimmer, sei an

---

1) Plin. hist. nat. XIII. cap. 15 und 16. sect. 29 und 30.

2) Homeri Odyss. V. v. 60.

3) Theophrast. hist. plant. V. cap. 4. sect. 7.

der Wurzel sehr kraus, und man verfertige daraus zierliche Geräthschaften. Es leidet keinen Zweifel, daß dieses Thyon unsre Callitris quadrivalvis ist, welche Schaw [4]), ich weiß nicht wo in der Barbarei, Vahl [5]) im Gebiet von Tunis, Desfontaines [6]) in Algerien und Schousboe [7]) in Marokko beobachteten [8]). Nichts desto weniger muß sich Plinius nebst Allen, die nach ihm seine Citrus für das Thyon hielten, geirrt haben: denn die größten einblättrigen Tische maßen nach ihm der eine etwas unter, der andere etwas über vier Fuß im Durchmesser; eine solche Stärke erreicht die Callitris niemals. Schaw beschreibt sie als ein Mittelding zwischen Baum und Strauch, das er nie höher als 15 Fuß sah; Vahl gar nur als einen 2—6 Fuß hohen Strauch; Desfontaines nennt sie höchstens

---

4) Schaw, Reisen. Deutsche Uebersetzung. Leipzig 1765, 4to., pag. 396. Nr. 79: Cupressus fructu quadrivalvi etc.

5) Vahl, symbol. botan. II. pag. 96: Thuja articulata.

6) Desfontaines, flora Atlantica II. pag. 353: Thuja articulata.

7) Schousboe, Beobachtungen über das Gewächsreich in Marokko. Aus dem Dänischen von Markussen, I. S. XIII der Einleitung.

8) Nach Sprengel (Theophrasts Naturgesch. der Gew. II. S 205.) soll auch Della Cella rings um Kyrene die Callitris häufig gefunden haben. In der französischen Uebersetzung seiner Reise von Pezant (in der merkwürdiger Weise der Name des Verfassers vollständig unterdrückt ist) finde ich nur Juniperus Phoenicea angegeben; eben so in meinen vor Jahren aus dem Original selbst gemachten Excerpten Wahrscheinlich ist demnach die Callitris des Della Cella im Kyrene eine von Sprengels historischen Phantasien.

5—6 Meter (15—18 Fuß) hoch, und im Durchmesser 1—3 Decimeter (3⅓—11 Zoll) dick. Endlicher 9) ist der Einzige, der sie bald nur Strauch, bald einen gigantischen Baum nennt, ohne sie selbst wild gesehen zu haben, und ohne seine Quelle zu nennen. Sein Zeugniß hat also in diesem Fall gar kein Gewicht, und scheint auf bloßer Voraussetzung dessen zu beruhen, was eben bewiesen werden soll, daß die gewaltigen Tischplatten wirklich von dieser Pflanze abstammten. Hat Marokko einen andern Baum, der sie liefern konnte, so muß er sie geliefert haben.

Nun fand vor Kurzem Durieu de Maison-Neuve 10) auf dem kleinen Atlas in Algerien eine wahre Zeder, deren nach unverbürgten Nachrichten schon Endlicher (pag. 137.) unter dem Namen Cedrus Atlantica gedenkt, die aber der Entdecker selbst von der ächten Pinus Cedrus Linn. nicht einmal als Varietät unterscheiden möchte. Gleich der erste Stamm, den er antraf, hatte 7 Meter (21 Fuß) im Umfange, bei einer Höhe von beinahe 40 Meter (120 Fuß). Es fragt sich, ob dieser Baum bis Mauritanien geht?

Nach Schousboe (a. a. O.) bestehen die Wälder im nördlichen Marokko aus Quercus Suber Q. Ilex und einer Fichtenart, die er zu sehen zwar keine Gelegenheit hatte, die aber im Innern des Landes auf

9) Endlicher, synopsis Coniferarum pag. 42.

10) Comptes rendus hebdomad. XVIII. (1844) pag. 1068. sq.

den Bergen wachsen und alles kleine Bauholz nebst dünnen Brettern, die sich durch einen starken und angenehmen Zedergeruch auszeichnen, liefern soll. Die Callitris ist das nicht, denn diese beobachtete Schousboe selbst; und daß es nur kleines Bauholz liefert, darf uns nicht wundern in einem Lande, das jetzt weder Fahrstraßen noch Wägen hat. Auf Kameelen oder Maulthieren transportirt man keine Zedern. —

Auch Höst [11]), der freilich kein Botaniker war, spricht von zweierlei marokkanischen Nadelhölzern (S. 306. und 308.): 1. „Zedern, سيدرة Sidra, wachsen in der Gegend bei Tetaun (gewöhnlich Tetuan), zwar nicht so groß wie sie auf dem Libanon sind, aber doch so, daß man sie zu Balken und Planken gebraucht, die bekanntlich nicht von Würmern gestochen werden;" und 2. „Erz ارز soll eine Art sehr feines Holz sein, so bloß in der Gegend von Tetaun wächst; Einige halten es für Zedern." — Dabei ist freilich manches zu erinnern. Beide Bäume sollen bei Tetuan, also im Norden wachsen, während Schousboe die Callitris nur im Süden angiebt. Erz ist, abgesehen von einer geringen Verschiedenheit der Aussprache, der alttestamentliche Name der Zeder, der sich hier erhielt, während er im Orient dem neuarabischen Namen Scherbin weichen mußte. Demnach

---

11) Höst, Nachrichten von Marokos und Fes, im Lande selbst gesammelt in den Jahren 1760 bis 1768. Aus dem Dänischen übersetzt, Kopenhagen 1781, 4to.; S. 306 u. 308.

wäre dieser Baum für die Zeder zu halten, welche Balken und Bretter liefert; Höst behauptet das aber von seinem Sidra. Den Namen dieses letztern finde ich, so wie ihn Höst schreibt, nirgends, dem Laut nach ist es indeß ganz derselbe Name, der sonst überall unsere Ziziphus Spina Christi bedeutet, an die hier nicht zu denken ist, und der Unterschied der Orthographie beschränkt sich darauf, daß Höst in die erste Sylbe ein ي einschaltet. Sollte er sich nur verschrieben, und beide Namen gar vertauscht haben? Doch wie dem sei, für die Existenz der Zeder in Marokko scheint auch Höst zu zeugen. Dazu kommt aber ein neueres entscheidendes Zeugniß an einem Ort, wo es wohl niemand suchen würde. Der ausgezeichnete Botaniker Barker Webb [12]) fand in Spanien das Rhododendron Ponticum ganz übereinstimmend mit Exemplaren aus Syrien, und führt bei der Gelegenheit unter mehrern Beispielen der Uebereinstimmung vieler Pflanzen im äußersten Westen und Osten des Mittelmeers auch die Zeder vom Libanon an, welche wieder aufträte auf den Bergen von Errif in Marokko. Er spricht das so bestimmt aus, daß er nothwendig andere Beweise gehabt haben muß als die von mir angeführten Zeugen. Nach dem Vorbericht seiner kleinen Schrift kennt er die Berge um Tetuan aus eigener Untersuchung;

---

[12]) Barker Webb, iter Hispaniense, or a synopsis of plants collected in the southern provinces of Spain and in Portugal. Paris and London, 1838; pag. 29.

Melilla und die Provinz Errif von der Insel Alboran aus zu besuchen hinderten ihn aber widrige Winde; vielleicht hat er diese Gegend früher vom nahen Tetuan aus besucht. Jedenfalls können wir des Plinius Citrus oder Cedrus jetzt für Pinus Cedrus Linn. erklären.

Ueberaus fruchtbar schildert nächst Höst und Schousboe auch Lempriere [13]) manche Theile Marokko's, und noch jetzt ist dies Land trotz der Indolenz seiner Bewohner Spaniens Kornkammer. Strabons Nachrichten von der Größe der dortigen Pflanzen beruhen jedoch zum Theil vermuthlich auf Verwechselung verwandter Arten.

Von den sieben Traubensorten, die Höst [14]) aufzählt, wird die größeste Hühnereier genannt, soll indeß nicht größer als ein Taubenei, und in Spanien eben so groß werden.

Arum Italicum und Dracunculus vulgaris erstrecken sich zwar bis Spanien und Portugal, lassen sich daher auch jenseits der Meerenge vermuthen; leicht könnten dort aber auch uns noch unbekannte ähnliche und größere Arten derselben Gattungen vorkommen. Auch der merkwürdige Dracunculus crinitus der Balearen mit beträchtlich größerer Hülle könnte, wenn er sich bis Marokko ausdehnt, mit dem gemeinen verwechselt sein.

---

13) Lempriere, Reise von Gibraltar über Tanger u. s. w. Mit Anmerk. von Zimmermann; S. 52.
14) Höst a. a. O. S. 303.

Σταφυλῖνος der Griechen ist nicht, wie Groskurd übersetzt, unsere Pastinake, sondern unsere Mohrrübe, Daucus Carota, die noch jetzt in Italien Pastinaca heißt. Von dieser Gattung hat Algerien und vermuthlich auch Marokko die nahe verwandte, doch weit höhere Art, den Daucus maximus. Wenigstens giebt Schousboe den so oft damit verwechselten und und vielleicht nicht einmal specifisch verschiedenen D. Mauritanicus bei Tanger an. Bei all diesen Pflanzen kann also die Meinung, daß sie in Mauritanien größer würden als sonst wo, auf einer Verwechselung verwandter Arten beruhen, folglich doch nicht ganz grundlos sein.

Das Hippomarathon scheint wenigstens bei Dioskorides unsere Cachrys Sicula zu sein, die auch in Marokko wächst. Indeß hat schon er zwei verschiedene Pflanzen dieses Namens. Vermuthlich bezeichnete man damit überhaupt alle in der Blattform dem Fenchel ähnlichen Doldenpflanzen, so daß ich nicht zu unterscheiden wage, was der Name hier bedeutet.

Von der Artischocke endlich, unserer Cynara Scolymus, die wir nur im Culturzustande kennen, von der aber die auch in Marokko wildwachsende Cynara Dracunculus schwerlich specifisch verschieden ist, wissen wir, welche außerordentliche Größe sie unter günstigen Umständen erreicht. In Buenos Ayres, wo sie zufällig eingeführt verwilderte, und jetzt weit ausgedehnte Felder überzieht, wird sie nach Darwin [15]) so hoch wie der Rücken des Pferdes, so daß nur ein Reiter über sie wegsieht.

Kap. 3. §. 5. p. 827. C., III. p. 481. St., III. p. 418. G. „Von Bogos, dem Könige Maurusiens, welcher gegen die westlichen Aethiopen hinaufzog (erzählt Hypsikrates), daß er seiner Gattin als Geschenke, den indischen gleiche Schilfrohre übersandte, von denen jedes Schoß acht Choinikes hielt, und Spargel von gleicher Größe."

Südlich von Maurusien oder Marokko bis zum Senegal, mehr als zwei hundert geographische Meilen weit, kennen oder denken wir uns vielmehr, — da wir in jener Gegend im Grunde nichts kennen, — nur Wüste. Aus dieser Gegend ist die Nachricht von einem baumartigen Grase und einer Kohlpalme, — denn dafür allein möchte ich den riesenhaften Spargel halten, — überaus merkwürdig. Schon in Hannon's Periplus [1]) wird uns erzählt, eine halbe Tagesfahrt jenseits des waldigen Vorgebirges Soloeis in Libyen wäre man gekommen „zu einem nicht weit vom Meere gelegenen Sumpf, erfüllt mit vielem und hohem Schilf,

---

[15]) Darwin, naturwissenschaftl. Reisen. Deutsch von Dieffenbach. I.

[1]) Hannonis periplus, in Gail geographi Graeci minores, I. pag. 114.

worin Elephanten und viele andere wilde Thiere weideten." Das könnte, wenn die Nachricht zuverlässig ist, ein Bambosdickigt gewesen sein. Aber wo? Nach Heerens und Mannerts [2]) Untersuchungen entspricht das Vorgebirge Soloeis unserm Cap Cantin unter dem 30° der Breite. Der Schilfsumpf wäre folglich noch innerhalb Marokko's ungefähr an der Mündung des Tensift zu suchen. Hier kennen weder Höst noch Schousboe ein baumartiges Gras, man müßte sonst Arundo Donax (vermuthlich A. Mauritanica) bei Schousboe so nennen. Auch Leo Africanus [3]), der in seinem Vaterlande besser Bescheid wußte, als irgend ein späterer Europäer, der den Tensift und die nicht weit von seiner Mündung gelegene Stadt Assafi umständlich beschreibt, weiß nichts von baumartigen Gräsern, obgleich er andere ihm aufgefallene Pflanzen theils gelegentlich, theils am Ende seines Werks bemerklich macht. Eben so wenig kennt einer der genannten Schriftsteller in Marokko eine Palme außer der Dattelpalme. Und sollten wilde Elephanten je so weit nördlich diesseits des Atlas gehaust haben?

Kap. 3. §. 11. p. 831. C., III. p. 486. St., III. p. 428. G. „Dort (bei den Massäsyliern) ist der sogenannte Melilotosbaum, woraus sie

---

2) Mannert, Geographie der Griechen und Römer, X. Abtheil. 2. S. 495. ff.

3) Leone Africano, in Ramusio, navigationi et viaggi, Vol. I. edit. IV. fol. 20. b.

Wein bereiten. Einigen trägt das Land doppelte Frucht, so daß sie zwei Erndten genießen, die eine im Sommer, die andere im Frühling. Der Halm wird fünf Ellen hoch, einen kleinen Finger dick, und giebt zwei bis vier hundertfältige Frucht. Im Frühling säen sie nicht einmal, sondern mit Paliurosbündeln das Land überkratzend begnügen sie sich an dem bei der Erndte ausgefallenen Samen; denn dieser gewährt eine vollständige Sommererndte."

Das Land der Massäsylier entspricht ungefähr unserm Tlemsen. Ueber den Baum Melilotos möchte man daher bei Desfontaines in der Flora Atlantica Auskunft erwarten; doch weder hier, noch bei andern Botanikern, noch auch bei den Alten finde ich seiner gedacht. Der Wortsinn, Honigbaum, und die Benutzung zur Weinbereitung deuten auf eine dem Lotos der Lotophagen nahe verwandte, doch verschiedene Art. Denn schon Skylax[1]) sagt von den Lotophagen selbst: „Sie bedienen sich des Lotos zur Speise und zum Getränk." Und wenige Zeilen darauf erzählt er von der Insel Taricheion (Bracheion in früheren Ausgaben): „Auf dieser

[1]) Scylacis periplus, ex recensione B. Fabricii. Dresdae, 1848, 8to; pag. 26. Selbst Gail, geograph. minor. I. pag. 313. hat noch die ältere Lesart.

Insel wächst der Lotos, den sie essen, und ein anderer, woraus sie Wein machen." Letzterer muß es sein, von dem Strabon spricht; denn den ersteren, unsern Ziziphus Lotus, nennt er in der gleich folgenden Stelle über die Lotophagen schlechtweg den Lotos. Auch Theophrastos[2]) spricht von mehreren Lotosarten, unterscheidet sie jedoch nicht genau genug, um unsere Melilotos, wenn sie darunter steckt, erkennen zu lassen. Dagegen ist eine seiner Lotosarten offenbar unsere Celtis australis, deren Früchte zu nichts benutzt werden. Außer Ziziphus Lotus fand Desfontaines in Algerien nur noch zwei Arten, Z. sativa (jetzt vulgaris) und Z. Spina Christi. Jene ist ein etwa sieben Fuß hoher Strauch, dessen Frucht an Süßigkeit der der beiden andern Arten weit nachsteht; diese dagegen wird gegen dreißig Fuß hoch, und trägt eine sehr süße Frucht. Sie scheint demnach völlig der Melilotos des Strabon zu entsprechen. Unter dem Namen Lotos kommt dieselbe Pflanze schon pag. 821. vor, und pag. 771. ist ihre Frucht unter den daselbst angeführten Baumfrüchten zu verstehen.

Völlig verschieden, wiewohl nahe verwandt, ist aber die als Dornstrauch zum Aufeggen der Felder benutzte Paliuros, nämlich die in Algerien wie fast rings um das Mittelmeer gemeine und von Theophrastos

---

[2]) Theophr. hist. plant. IV. cap. 3. sect. 1 — 3.

hinreichend beschriebene Palinurus australis (aculeata Lamark.).

Die doppelten Erndten ohne förmliche Aussaat und den zwei hundert und vierzigfachen Ertrag wollen wir getrost zu den Uebertreibungen rechnen. Schaw [3]) sagt über diesen Gegenstand offenbar mit Rücksicht auf Strabon: „Ich habe niemals erfahren, daß die Barbarei in einem Jahr mehr als eine Erndte gegeben hätte. Ein Scheffel trägt ordentlich acht bis zwölf aus, obgleich eine oder die andere Gegend mehr geben mag. Denn das sieht man häufig, daß ein Korn zehn bis funfzehn Halme hervorbringt. Ja einige Körner von dem Murwaany-Weizen, die ich mit nach Oxford brachte, und in dem medizinischen Garten aussäete, brachten jedes funfzig hervor. Allein Muzeratty, einer der letzten Kalifen der Provinz Tlemsan, brachte einmal eine Wurzel mit nach Algier, welche achtzig trug, indem er uns erzählte, daß der Emir Hadge einmal dem Bassach von Kairo eine geschickt habe, welche hundert und zwanzig trug." Dergleichen vereinzelte Beobachtungen, wenn sie nicht selbst Uebertreibungen sind, mögen auch zu Strabons Zeit gemacht sein, und den übertrieben Ruf der Fruchtbarkeit des Landes verursacht haben.

Kap. 3. §. 17. p. 834. C., III. p. 493. St., III. p. 436. G. „Die (Insel) Meninx hält man

[3]) Schaw, Reisen, S. 123. der deutschen Ausgabe.

für das auch von Homeros erwähnte Land der Lotophagen; und wirklich zeigen sich einige Merkmale, sowohl des Odysseus Altar, als auch die Frucht selbst. Denn der sogenannte Lotosbaum, welcher sehr süße Frucht trägt, ist auf jener Insel häufig.

Den Beweis, daß diese berühmte Pflanze unsere Ziziphus Lotus sei, führte Desfontaines[1]) in einer besondern Abhandlung über diesen Gegenstand, woraus alle Neueren schöpften,

Kap. 3. §. 22. p. 837. C., III. p. 498. St., III. p. 444. G. „An Kyrenäa grenzt die Landschaft, die das Silphion trägt und den kyrenäischen Saft, der aus dem eingeschnittenen Silphion fließt. Es ging beinahe verloren, als einst die Barbaren aus besonderm Haß eindrangen und die Wurzeln der Pflanze zerstörten; sie waren Nomaden."

Die Pflanze, welche Della Cella an Ort und Stelle für die Mutterpflanze des kyrenäischen Silphions erkannte, bestimmte Viviani und nannte sie Thapsia

---

1) Desfontaines, recherches sur un arbrisseau connu des anciens sous le nom de Lotos de Lybie; — in den Mém. de l'acad. des sciences de Paris. 1788 pag. 443.

Silphium. Nach Gussone ist dieselbe jedoch nur Varietät der längst bekannten und über die ganze flora Mediterranea verbreiteten Thapsia Garganica[1]). Sprengel[2]), der Viviani's Untersuchung nicht gekannt zu haben scheint, und Della Cella's Pflanze schwerlich gesehen hat, hielt dieselbe für Laserpitium gummiferum, welches er Thapsia gummifera nannte; Link[3]), der dem Silphion eine besondere Abhandlung widmete, hatte schon vor Sprengel und Della Cella auf dieselbe Pflanze gerathen, nahm aber seine Meinung zurück, und erklärte als Resultat seiner Forschungen, das Silphion sei noch so zweifelhaft, wie es immer war. Mir scheinen Link's Einwendungen gegen Della Cella's Entdeckung nicht erheblich; ob aber des letztern Pflanze, wie Viviani meint, eine eigene Art ausmacht, oder, wie Gussone annimmt, nur Varietät der Thapsia Garganica ist, läßt sich mit Sicherheit nicht eher entscheiden, bis vollständigere Exemplare, als Della Cella gesammelt, untersucht sind. Daß das Silphion noch weiter verbreitet war, lehrt die gleich folgende Stelle.

---

1) De Candolle prodrom. system. regni vegetab. IV pag. 202.

2) Sprengel in seinem Commentar zu Theophrast's Naturgeschichte der Gewächse II S. 224. ff.

3) Link, über das cyrenäische Silphium der Alten, in den Abhandlungen, der königl. Akademie der Wissensch. zu Berlin aus dem Jahre 1829, S. 115. ff.

Kap. 3. §. 23. p. 838. C., III. p. 499. St., III. p. 447. G. „Dieser Ort ist dem Ammon ähnlich, Palmen tragend und gut bewässert. Er liegt über Kyrenäa gegen Mittag. Bis auf hundert Stadien trägt das Land auch Bäume, bis auf andere hundert Stadien wird nur gesäet. Wegen der Dürre trägt sie Olyra. Ueber diesen Gegenden folgt die das Silphion tragende, dann unbewohntes Land und das der Garamanten. Das silphiontragende aber ist schmal lang und ziemlich dürre, etwa tausend Stadien lang, wenn man gegen Morgen geht, und gegen drei hundert und etwas darüber breit, so viel bekannt ist. Denn vermuthlich ist das ganze in derselben Parallele liegende Land von gleicher Temperatur und gleichfalls silphiontragend."

Die erste Hälfte dieser Stelle hat manches Schwierige. Der Ort, wovon die Rede ist, wird nicht genannt; mit Grund räth Groskurd auf die Oase Augila, von der Ritter[1]) die neueren Nachrichten sammelte.

---

[1]) **Ritter**, Erdkunde I. (zweite Auflage) S. 986.

Die Worte, ὀρυζοτροφεῖ δ'ἡ γῆ διὰ τὸν αὐχμόν, können unmöglich richtig sein, weil Reis gerade kein Gewächs für dürre Felder ist. Koraïs setzte in Klammern die Negation οὐκ vor jene Worte, und Groskurd übersetzte: „Reis aber trägt das Land (nicht) wegen der Dürre“. Es wäre doch mehr als sonderbar, wenn Strabon eine einzelne Fruchtart genannt hätte, die das Land nicht trug, da es viele andere eben so wenig trug. Weit wahrscheinlicher, ja sicher, ist ὀρυζοτροφεῖ aus ὀλυροτροφεῖ verdorben. Denn Olyra, vielleicht Spelz, vielleicht Einkorn, galt für ein schlechteres Getreide als Weizen, und war nach Herodotos[2]) ein Nahrungsmittel der benachbarten Aegypter.

Vom Silphion sprach ich zur vorigen Stelle, und stehe hier am Ziel meiner langen, hoffentlich nicht ganz fruchtlosen botanischen Wanderung durch die ganze dem Alterthum bekannte Welt.

) Herodot. II. cap. 36.

Fragment des Dikäarchos.

Des Dikäarchos
Beschreibung des Berges Pelion.

„— Daß der Berg, Pelion genannt, groß ist und waldreich, und so vielerlei Obstbäume [1]) trägt, wie nur die Landgüter der Gutsbesitzer vereinigen. Des Berges am dichtesten bewachsene Hauptwurzel ist von der Stadt [2]) zu Schiffe sieben, zu Lande zwanzig Stadien entfernt. Der ganze Berg hat aber einen

[1]) In der That fand man neuerlich fast all unsre Obstbäume, mit Ausnahme der Pfirsichen Aprikosen Mispeln Quitten und weniger anderer, wenn nicht gerade auf dem noch wenig untersuchten Pelion, so doch auf den ihm nahen Gebirgen in der Waldregion entweder wirklich wild oder zum Theil vielleicht verwildert, wie sich am leichtesten in Grisebach spicilegium florae Rumelicae et Bithynicae, welche zugleich die von andern Botanikern in jenen Gegenden beobachteten Pflanzen enthält, übersehen läßt.

[2]) Von Demetrias, wie sich aus den Schlußworten des Fragments ergiebt.

milden welligen höchst fruchtbaren Boden. Alle Arten der Waldbäume wachsen daselbst, besonders reichlich die Buche (ὀξύη)[3], die Fichte (ἐλάτη)[4], der Ahorn (σφένδαμνος)[5] und die Hainbuche (ζυγία)[6], wie

---

3) Nach Maier Marx, dem Commentator des Dikäarchos bei Gail, soll fast allgemein angenommen sein, daß ὀξύη unsere Quercus Cerris bedeute. Er übersah, daß Theophrastos (hist. pl. III. cap. 8.) sie nicht zu den Eichen stellt, sondern für sich allein (cap. 10.) beschreibt mit dem Zusatz, sie bestehe nur aus einer Art. Allgemein angenommen ist dagegen längst, und keines Beweises mehr bedürftig, daß es unsere Fagus sylvatica bedeutet, die, sonst in Griechenland selten, gerade auf dem Pelion und benachbarten Pindos ganze Wälder macht.

4) Hier sicher unsere Edeltanne, Pinus Picea Duroi.

5) Acer campestre, oder Monspessulanum, oder obtusatum, oder Tataricum, oder mehrere derselben zugleich.

6) Nach Maier Marx sind σφένδαμνος und ζυγία beides Ahornarten; und weil auch Fraas (synopsis florae classicae S. 98.) ζυγία für einen Ahorn hält und behauptet, ganz mit Unrecht ziehe man Carpinus Betulus hierher: so ist das Recht dazu nachzuweisen. Vitruvius sagt von der römischen Carpinus, an der niemand zweifelt (II cap. 9): „Aus diesem Holz machen die Griechen die Joche der Zugochsen, welche bei ihnen ζυγά heißen, daher sie auch den Baum ζυγείαν nennen." Die Hainbuche wächst aber nur auf den Gebirgen des nördlichen Griechenlands; im südlichen, wo sie fehlt, und wo man die Joche aus Acer campestre macht, erhielt daher dieser Strauch den Namen ζυγία, gerade wie bei uns, wo eine nutzbare Baumart zu wachsen aufhört, sein deutscher Name auf den Baum übergeht, der seine Stelle vertritt. Dies vorausgesetzt, erklären sich alle Schwierigkeiten bei Theophrastos. Hist. plant. III. cap. 3.

auch die Cypresse und der Wachholder (κέδρος) 7). Auch vielerlei Blumen finden sich dort, sowohl die sogenannten Feldlilien (τὰ ἄγρια καλούμενα λείρια) 8), wie auch die Lichtnelken (λυχνῖδες) 9). Auf ihm wächst auch (vielerlei) Kraut zumal in den Waldungen, und Wurzeln, (unter andern das des Thymbron?) 10),

---

rechnet er die ζυγία (die Hainbuche) zu den makedonischen Gebirgsbäumen, und weiterhin die σφένδαμνος, den Ahorn, zu denen, die auch in der Ebene wachsen. Hier sagt er, die auf Bergen wachsende σφένδαμνος nenne man ζυγία die der Ebenen γλεῖνος; Andere machten jedoch σφένδαμνος und ζογία zu verschiedenen Arten. Das heißt offenbar: Einige bezeichneten mit demselben Namen einen Ahorn, andere einen Baum anderer Art, den wir nach dem Zeugniß des Vitruvius, wozu noch das des Plinius (hist. nat. XVI. cap. 15. sect. 26.) kommt, für die Hainbuche zu erklären berechtigt sind (oder für Carpinus orientalis. die man von C. Betulus wohl nicht unterschied). Theophrastos selbst scheint die Hainbuche nicht gekannt zu haben, denn cap. 11., wo er von den Ahornarten handelt, kommt er auch wieder auf die ζυγία, und spricht sich über sie wieder eben so unbestimmt aus.

7) Ist Juniperus Oxycedrus.

8) Lilium candidum und Carneolicum (Chalcedonicum Jacq non Linn)

9) Agrostemma coronaria.

10) Γένεται δ'ἐν αὐτῷ καὶ βοτάνη ἐν τοῖς χερσώδεσι μάλιστα χωρίοις καὶ ῥίζα δὲ ἤδρον, ἥτις κ. τ. λ. So steht in der Handschrift, offenbar verdorben. Salmasius las δένδρου statt δὲ ἤδρου, und die Ausgaben nahmen diese Conjectur in den Text auf. Allein 1. findet sich sonst nirgends bei den Alten ein Baum, dessen Wurzel gegen Schlangen wirkte; 2. sind und waren von je her Baum-

welches den Biß der Schlangen, auch derer, die man für besonders gefährlich hält (?, δοκεῖν ἔχειν ἐπι-

---

wurzeln überhaupt ungebräuchlich; 3. existirt schwerlich eine wie Thymian riechende Wurzel, weil das ätherische Oel dieser und ähnlicher Pflanzen weder im Holz noch der Rinde, sondern in den mit Epidermis bekleideten grünen Theilen bereitet wird. Daher kann sich 4. ἥτις nicht auf ῥίζα beziehen, noch weniger auf ῥίζα δένδρου. Endlich 5. verräth der Zusammenhang, daß die gegen den Schlangenbiß so wirksame Pflanze mit Namen genannt war, und daß das vorhergehende βοτάνη καὶ ῥίζα, „Kräuter und Wurzeln," nur den Uebergang zur Aufzählung der wichtigsten Arzneipflanzen machte. Denn nur die Obstbäume werden nicht einzeln genannt, weil sie sämmtlich da waren; aber genannt werden die einzelnen Waldbäume, die vornehmsten Kranzblumen und — die zweite Arzneipflanze; nur die erste wäre ungenannt eingeführt mitten zwischen den genannten? Die Geheimmittel, die der Verfasser nicht zu nennen wußte, kommen ganz abgesondert erst am Ende vor.

Weit besser gefällt mir daher die Conjectur von Gudius: ῥίζα δὲ ἡ ἄρου: „Auf ihm wächst auch Kraut und die Aronswurzel, welche u. s. w." Denn diese Wurzel auch verscheuchte oder betäubte die Schlangen (Plin. hist. nat. XXIV. cap. 16. sect. 92.), doch freilich erst, wenn sie verbrannt ward; auch riecht sie nicht wie Thymian.

Ich vermuthe daher entweder eine größere Lücke, oder die Worte: ἡ δὲ θύμβρου, oder ὧδε θύμβρου scilicet βοτάνη Denn schwerlich fehlt ein so gepriesenes Mittel gegen Schlangengift bei Nikandros, und unter den in seinen theriacis empfohlenen besitzt nur dieses, unsere Satureja Thymbra, einen thymianartigen Geruch, und gleicht auch sonst, wie Nikandros (vers. 533.) selbst bemerkt, dem Thymian. Man cultivirte zwar diese Pflanze, doch hält Dioskorides (III. cap. 39.) die wilde für weit kräftiger.

κίνδυνα), heilt [11]), sie weit aus der Gegend, wo es wächst, verscheucht, die dennoch sich nähernden unschädlich macht, indem sie dieselben betäubt, die aber, die es gar berühren, tödtet. Solch eine Kraft besitzt es! Den Menschen aber erweist es sich gar lieblich. Denn wenn es blühet, gleicht es an Geruch dem Thymian, und heilt, mit Wein genommen, die, welche von irgend einer Schlange gebissen sind. Auch wächst auf dem Berge die Frucht der Akanthe [12]), den weißen Myrten ähnlich. Wer mit dieser, wohlgepulvert, den Körper einreibt, wird das Gefühl starker Kälte gar nicht oder wenig empfinden, und eben so wenig im Sommer das des Sonnenbrandes, indem die Arznei durch ihre

---

11) Da ich die Worte wie Maier Marx nicht verstehe, übersetzte ich sie ungefähr so wie Fabricius.

12) Halte ich für Ruscus aculeatus. Nicht nur die Beeren, sondern auch die blattartigen Zweige, gleichen den Beeren und Blättern der Myrte, doch enden letztere in eine Stachelspitze, die ganze Pflanze hat in der That einen baumartigen Wuchs, erhebt sich indeß nicht über zwei bis drei Fuß, und wächst gern an felsigen Stellen. Dioskorides (IV. cap 144.) nennt sie die wilde Myrte, Spitzmyrte (ὀξυμυρσίνη) oder den Myrtendorn (μυρτάκανθα) Die Beeren sind zwar nicht weiß, sondern roth; da jedoch die Myrte nur mit weißen oder schwarzen Beeren vorkommt, so ließ sich die rothe und früher hellgrüne Beere dieser Pflanze doch eher mit der weißen als schwarzen Myrtenfrucht vergleichen Die hier ihr zugeschriebene Wirkung, die Haut gegen Hitze und Kälte zu kräftigen, steht aber ganz isolirt; gewöhnlich dienten Wurzel Blätter und Beeren als ein harntreibendes Mittel

Dichtigkeit die äußere Luft den Körper zu durchdringen verhindert. Allein diese Frucht ist selten, und wächst an Klippen und schroffen Abhängen, so daß sie schwer zu finden, und, wenn sie gefunden ward, nicht leicht zu erreichen ist, weil, wer sie ergreifen will, Gefahr läuft, vom Felsen herabstürzend umzukommen. Ihre Wirksamkeit währt ein Jahr lang, und mit der Zeit verliert sie ihre Kraft."

„....[13]) Reich aber ist das Gebirge an Arzneipflanzen, und hat viele und mannigfache Mittel (δυνάμεις) für die, welche ihre Gestalt kennen und sie zu benutzen verstehen. Darunter eins[14]), das man-

---

[13]) Hier ließ ich einen Satz aus, der nichts Botanisches enthält.

[14]) Ein namenloses Geheimmittel frühester Zeit, das der Berichterstatter selbst vermuthlich nur von Hörensagen kannte, bestimmen zu wollen, scheint vermessen. Allein die Angabe, ein Cheironide habe dasselbe auf dem Pelion entdeckt, läßt kaum zweifeln, daß es dieselbe Pflanze sei, welche Nikandros (theriac v 500) des Cheiron heilsame Wurzel vom Berge Pelion nennt und beschreibt. Dieselbe Pflanze von demselben Standorte beschreibt Dioskorides (III. cap 50.) unter dem Namen *Πάναχες χειρώνιον*, und alle drei Beschreibungen ergänzen sich gegenseitig bis auf einen einzigen Widerspruch. Nikandros und Dioskorides nennen die Wurzel ausdrücklich nicht tief eindringend, Dikäarchos dagegen so tief, wie die Pflanze hoch ist, was wir wohl seiner Unkenntniß zuschreiben dürfen. Mit vieler Wahrscheinlichkeit rieth Sprengel (Dioscorid ed Sprengel, II. pag. 519.) auf ein Hypericum, doch Fraas (synops. fl. class.

cherlei verschiedenartige Kräfte besitzt. Es wächst der Baum über der Erde nicht höher als eine Elle, schwarz von Farbe, seine Wurzel aber eben so tief in der Erde. Davon die Wurzel zerrieben, gepulvert und eingerieben, hebt die Schmerzen Podagrischer und hemmt das Anschwellen der Nerven. Die Rinde gepulvert und mit Wein getrunken heilt Unterleibsbeschwerden. Die Blätter, zerrieben und auf Leinwand gestrichen, sind gut gegen Augenschmerzen, unterlaufene Augen und die Gefahr des Erblindens, widerstehen gelinde den Flußanfällen und bestimmen sie gleichsam, die Augen nicht zu ergreifen. Dieses Mittel entdeckte einer der Bewohner, der von Cheiron abstammen soll, und der

---

S. 139.) mit mehr Wahrscheinlichkeit auf H Olympicum als Sprengel auf das geruchlose H origanifolium. Auf die graugrünen Blätter jener Pflanze läßt sich auch die Bestimmung „schwarz von Farbe", einigermaßen beziehen. Zweierlei darf ich indeß nicht unbemerkt lassen: 1 daß Theophrastos unter dem Namen *Πάνακες χειρώνιον* eine ganz andere Pflanze beschreibt als Dikäarchos, Nikandros und Dioskorides, und zwar eine Pflanze mit ampferartigen, nur größeren und rauhen Blättern, die ich auf keine Weise zu deuten weiß; und 2. daß Dioskorides alles, was vom *Πάνακες χειρώνιον* gerühmt ward, auf sein auch schon bei Theophrastos vorkommendes *Πάνακες Ἡράκλειον* übertrug, und jenes kurz abfertigte. Das *Πάνακες Ἡράκλειον* ist aber ohne Zweifel unser jetziges Opoponax Chironium. Sollten wohl gar die alten Rhizotomen dieselbe Pflanze Cheironswurz genannt, die darnach Fragenden aber durch Beschreibung oder Vorzeigung einer andern Pflanze absichtlich getäuscht haben?

Vater überlieferte und lehrte es dem Sohn, und so geheim halten sie es, daß es keiner der Mitbewohner erfährt. Allein denen, die es kennen, ist nicht erlaubt den Kranken um Lohn beizustehen, sondern umsonst. — So ist der Berg Pelion und die Stadt Demetrias beschaffen."

Register.

Die einfachen Zahlen verweisen auf die Pagina der Ausgabe des Strabon von Casaubonus; die Zahlen, vor welchen ein D. steht, auf die Noten zu Dikäarchos

I. Sachregister.

II. Register
der systematischen Pflanzennamen.

III. Griechisches Register.

Nachweis
einiger kritischer Bemerkungen.

Königsberg, gedruckt bei G. D. Böhmer.